除了野蛮国家,整个世界都被书统治着。

后读工作室
诚挚出品

# 偏执人格

## 偏执才能成大事

何雨君　施　蕴◎著

# 序

　　本书要讲的"偏执",可能和大家理解的不太一样——我们要来找一找偏执者身上有哪些优点是没被发现的,大众的视线除了落在他们的"黑暗面"之外,是不是也该看看值得学习的地方?学过哲学的人都知道,任何事物都具有两面性。偏执者也一样,只是在被贴上"偏执"这个标签的同时,优点被掩盖了。

　　性格是没有好坏之分的,但它决定了一个人的行为习惯。我们今天想要了解的偏执者,具有很多雷同的行为表现。比如他们比较"一根筋",工作也好,恋爱也罢,认定了就不太容易改变。其实他们不是不懂得变通,而是不愿意改变,认为这件事情就应该这样做才是最有效的;又或者认为恋爱中自己已经做得很好了,对方是没理由会离开的,就算离开了也不是自己造成的。然而在内心,他们会一直牢牢记着这些不尽如人意的事情,就好像是打开了记忆的大门却忘记关上。因而他们会变得谨慎,"一朝被蛇咬,十年怕井绳"。这在人际关系中,会给偏执者增添不少的烦恼。可能他们会特别排斥别人的建议,与人沟通的时候不懂得委婉,总是一针见血、直戳要害。在别人眼中,他们就是"傲慢与偏见"的人设原型——总是一副高高在上、目中无人的模样。

然而我们不能笼统地区分和评判性格。就比如刚才讲到的这些特征，换一个层面去理解就会有新的含义。

"一根筋"也可以解释为"韧性"。如果做事情没有钻牛角尖的劲头，恐怕很多历史都会被改写，秦始皇就不能统一六国，勾践卧薪尝胆也不会传为佳话。

实际上，我们每个人身上都具有"偏执"的一面。只是性格分为首要性格和次要性格，有些人的"偏执"是首要性格，比较明显；而有些人的则是次要性格，在行为表现上不太明显。

性格是需要载体的，也就是生活环境——小时候是家庭环境，长大了是社会环境。这些环境造就了我们的性格。年幼的时候，我们的性格在遗传基因、教养方式、经济环境等条件下逐渐养成，因此，性格的最初形成是在童年时期，有句古话讲"三岁看老"，还是比较贴切的；18岁以后，人格形成，我们将它带入社交关系中，这时候，考验个体能否融入集体的时刻也就到了，就像是一件已完成的商品需要得到市场认可一般。性格养成之后很难改变，所谓江山易改本性难移，本性指的就是性格。

那么性格既然难以改变，我们该如何实现自我成长来适应社会呢？其实这里涉及两个概念，一个是性格，另一个是人格。通常情况下，我们说的性格是很难改变的，比如内向的人会具备内向的行为特征，他们大多数不喜欢热闹，思考多于行动，而外向的人则相反；再比如偏执的人多数较为谨慎，你让他们当断则断估计是办不到的。但是人格却是动态的，它是人们在成长过程中不断变化养成的。性格是人格的一个层面，人格则包括性格、道德、认知等多个层面。如果我们说某个人在某件事上蛮偏执的，那么可以理解为这是一个偏执者；如果我们说某个人是偏执型人格，那么我们要考虑如何治愈他。

通过阅读本书，我们会了解偏执性格和偏执人格的共性与区别，我们该如何看待自己的偏执、如何将偏执的优势发展成为我们的首要人格，而偏执又有哪些特征需要引起关注、需要修正，以及通过哪些具体方法来实现。

每个人都有独特的性格，我们讲偏执者的气质和个性时，一味理解为贬义是不全面的。

本书着重论述了偏执者很多未被发现的优势。偏执者往往是自恋的，因此总想着干大事，他们中的大多数都是实干家。然而对于人际关系他们却是无能为力的，很多时候他们不明白为什么身边的人会一个个地远离他们，甚至有太多人对他们的为人处世多番诟病，这让他们很不服气。

其实没必要因为这些负面评判而焦虑。我们不可能让所有人都喜欢、接纳，也不可能成为所有人的"眼中钉"。

如果你是偏执者，看到这里或许会说——我才不要别人喜欢，我本身就很优秀，不喜欢我的人那是因为嫉妒！

你说得没错，偏执者最大的优点就是能看到自身的优点，哪怕别人不认同，也不会打击到我们的骄傲。但打个比方，如果我们学会了让更多人了解我们、认同我们，至少在某些层面上不至于误会我们，能给我们应有的支持和理解，岂不更加完美？

我们要做的是更多地觉察自身。当我们一次次惹人不高兴时，当我们过于小心翼翼，以至于一直单身或不断更换恋人时……要觉察这些。

希望读到本书的天才偏执者们，能解锁人格中更多的闪光点。正如日本学者大原健士郎说的：人与人的相处其实就是人格与人格的相处。本事再大，我们依然只是人海中的一叶扁舟，只有登上更大的邮轮，才能到达更遥远的海域，领略大海的壮观。

# 目 录

## 第1章　偏执者的世界是怎样的？

很多伟人都是偏执者　002
生活中，偏执者更容易走极端？　009
偏执，是"敌意重重"的黑暗人格吗？　018

## 第2章　偏执者想要与他人交心有多难？

"独乐乐"和"众乐乐"之间缺少了什么？　032
"焦虑"是自我防御的底层逻辑　039
当想象力跑偏的时候，心有多累？　047
"好斗"，将谁拦在了门外？　057
不同年龄段的偏执者，社交诉求是不一样的　065

## 第3章　是谁造就了偏执性格？

遗传基因，是性格的基调　076
教养方式，是性格的诱因　080
创伤记忆，是性格的毒药　088
偏执者心中长不大的"内心小孩"　096

## 第4章　偏执，是人格中的白月光？

偏执者的猜疑，是敏锐的本能反应　104

勇于挑战权威的人，更能创新 118
谨慎，是因为万事开头难 125
言行直率，内心必然是纯净的 134
偏执，比毅力更加难得 139
非黑即白，爱憎分明的情感立场 145
控制与反伤，掌控全局的领导才能 151
逃避与对抗，"战"与"逃"的抉择 156

## 第 5 章　怎样的"偏执"是需要引起重视的？

走进咨询室的偏执者想要找回的是"自我赋能" 164
偏执者与人格障碍的临界点——泛目标报复 171
测验：偏执型人格障碍自测 177

## 第 6 章　偏执者如何走出社交怪圈？

自我觉察是一种怎样的体验？ 180
在"拒人千里"与接纳之间，是否存在灰度地带？ 184
论证是打破"阴谋论"的最佳方法？ 188
在争论之前，请慢数三秒 194
测验：易怒体质自测 200
建立信任从来不是一个人的事 201

## 第 7 章　偏执者真的很难相处吗？

如何做高压锅上的减压阀 210
用对方的语言来讲话——同位心理 215
经得起考验才是真朋友？ 226

**参考文献** 236

# 第 1 章

# 偏执者的世界是怎样的?

## 很多伟人都是偏执者

历史长河中，很多伟人的性格中都具有偏执的特性，我们能列出很多。比如唐代诗人李白，在"只要功夫深，铁杵磨成针"中受到启发，发愤图强，成为一代诗仙；西汉司马迁，在"李陵事件"中遭受宫刑，含冤蒙垢数十年，写就"通古今之变，成一家之言"的《史记》，流芳百世；英国著名作家狄更斯，不畏风雨在街头采集素材，写就《双城记》，成为英国一代文豪。这些耳熟能详的人物，当初在困难面前只要有丝毫的退缩，就和成功失之交臂了。

那么，偏执者为什么会有成大事的潜质呢？这得从两个方面去理解。首先，越是偏执的人，越看重成功。他们会通过自身努力得出成果，将之展示于大众面前，以此来获得众人的认可与瞻仰。因此，偏执者具有常人无法拥有的意志力。哲学家苏格拉底曾在课堂上布置了一项作业，他让学生每天甩手一百下，过了一周，90%的人通过了考验，一个月后剩下了一半，一年之后唯剩下一人做到了——那个人就是建立了欧洲哲学史上第一个庞大的客观唯心主义体系的哲学家柏拉图。可见，大部分人很难在较长时间里为同一个目标坚持不懈，就算没有被困难打败，也会在"看不到尽头"的时间里缴械投降。然而偏执者之所以会被称为"偏执"，就是因为他们的坚持是不可能被大部分人理解或效仿的。

偏执者敏感、谨慎、坚韧的特性，可以在事业发展中将效能最大化。英特尔公司创始人安迪·格鲁夫在《只有偏执狂才能生存》中提到过"死亡之谷"，主要阐述的中心思想就是，当你获得某种成就之后，需要敏锐地觉察到竞争者贪婪的目光。企业若想要更好地发展壮大，就如同需要攀登两座烟雾弥漫的山头，当你登临一座山头，准备征服另一座山头时，队伍容易分崩离析，最终命丧死亡之谷，唯有"偏执"才能领导队伍走出困顿，迈向新的事业巅峰。

在这里我需要解释一下为什么要拿安迪·格鲁夫来举例，并非想要在此书中讲解怎样把企业做大做强，而是我们更应该看到"偏执者"在企业生死存亡的境遇下，是报以怎样的心态以及采取了哪些常人无法企及的行动的。

安迪·格鲁夫说："我所不惜冒偏执之名而整天疑虑的事情有很多。"

或许你会说，伟人之所以能成为后人歌颂的人物，是因为他们拥有天时地利人和的机遇，如果换成是别人在那个岗位或是年代，也会做出一样的丰功伟绩来。

可能性也不是完全没有，但这是一个"先有鸡还是先有蛋"的问题。无论这个世界上是先有鸡还是先有蛋，一个成功的人，一定是拥有了"偏执"的本能。我们无法确定偏执的人都是成功人士，但成功人士中，大多数具备偏执的特性和本能。

正如我们今天要讲的成功者——安迪·格鲁夫，他是一个连自己都愿意承认自己的偏执，并将其作为优势分享的人物。

我们一起回顾他中年时期经历的三次危机。第一次是新旧产品更替的转折期，当进入产品滞销、资金陷入困境的阶段，很多企业会选择抵押贷款，以此维持公司的日常运营，支付员工工资，却没有看到企业进入危机的更大隐患是市场饱和，竞争白热化。如果产品的生产销售跟不上更新换代的节奏，那么企业终将被淘汰，这不是资金盘活的问题，而是核心竞争力的问题。偏执者更能看清这一局势，正如格鲁夫在储存器热销时期，就已经在担忧它以后必将面临同行的排挤，于是未雨绸缪，开始着手新产品芯片的设计，这就是偏执者对于市场敏锐度的优势所在，也是格鲁夫能在第一次危机中翻越"死亡之谷"的制胜法宝。

第二次是产品设计危机，产品宣告停产。这时看的是胆识和勇气：是放弃还是投入资金挽救？如果投入大量资金，但产品研发失败，那么对企业来说无疑是雪上加霜；但如果不尝试改变，就意味着眼睁睁地看着曾经的辉煌和努力付之东流。格鲁夫毅然而然地选择了后者。

正如他在《只有偏执狂才能生存》中讲到——不少企业经营有年，内部管理井井有条，利润稳定，客户也稳固，貌似万事大吉，但要是这类力量朝不利的方向骤然膨胀，而企业面临突发事件不知或不善因应，顷刻之间就会分崩离析。

这就是他的战略转折点理论。

第三次是直面死神。几乎每个人都会谈癌色变，甚至很多人是死于对疾病的恐惧。在得知自己患上癌症的时候，格鲁夫也会同样感到无奈，然而好在他是个"偏执者"。正如他一次次面对企业危机临危不惧一般，他很快调整了自己的心理状态，和专家探讨病情，制定适合自己的治疗方案，保持良好的精神面貌，并给自己制订了出书的计划，这其实就是偏执者较为典型的"好斗"特征。

"不服输""好斗"，是偏执者的代名词，那是因为他们不相信自己会输。如果一条路走不通，那么就换一条路，只要没有达到终点或尚未失败，就永远在路上，在不断的挑战和尝试中。企业遭遇危机，格鲁夫不服输，生命遭遇威胁，他照样不服输。事实证明他是最后的胜利者，获得了地位、名誉和财富，从癌症康复到逝世，延年整整20年，这和他乐观的心态、勇于开拓的精神是分不开的。

偏执者，永远懂得如何在恰当的时候，为自己设置新的奋斗目标，这是对困境的一种挑衅甚至是无视。从某种角度来讲，偏执者确实傲慢，因为他们具备傲慢的资本。就像格鲁夫相信困难一定会找上门，与其求助他人，不如自己亲手去开辟和创造。

当认知打破了困境的结界，就像是一束光照进了黑暗，希望近在眼前。困境不在于困境本身，而是突破的起点；疾病不在于疾病本身，而是习惯的转变。

从另一个层面来理解，格鲁夫的这种偏执和战略思维是和他的遭遇分不开的。纵观他的成长经历，"偏执"在磨难中养成，并贯穿了他的一生。

在《安迪·格鲁夫自传》中，我们可以找到他具有偏执个性的蛛丝马迹。

1936年，格鲁夫出生于匈牙利的布达佩斯。20岁之前，他相继经历了匈牙利政府的法西斯独裁统治、德军占领匈牙利、纳粹的"最终解决"、苏联红军包围布达佩斯、"二战"刚刚结束之后的混乱等时期和事件。

动荡的年代，让格鲁夫被迫成为一个适应能力较强的孩子。父亲在战场上失踪后，他随着母亲过上了颠沛流离的生活。很长一段时间，他无法和母亲见面，只能寄养在一位基督徒家中。霍尔蒂政府本来就歧视国内的犹太人，而这种歧视和迫害的严重程度随着德国人的到来进一步加剧。在犹太人遭遇迫害的时候，他和母亲隐姓埋名，改名为安德拉什·马莱舍维奇，按照这个新的身份和人设，在面具下存活。这让格鲁夫感到窘迫和不甘，正如书中所言："他们从不叫我安德拉什之外的名字，就好像我就是安德拉什·马莱舍维奇一样。我都怀疑他们是否知道我的真名，因为他们从来也没表现出知道我真名的样子。"

然而在幼年时期，格鲁夫并不觉得自己的犹太人身份让他低人一等："我们的客人不全是犹太人，而那些非犹太客人与我们也没什么不同。"

第一次让格鲁夫质疑自己犹太人身份的是一个和他一起在公园

里玩的小姑娘，当她得知小伙伴是犹太人时，溢于言表的蔑视让格鲁夫意识到了自己是被贴上了标签的"怪物"——"自从在公园遇到那个小女孩之后，我发现身边都是犹太人会让我感到安心"，直到犹太人被大批地驱逐和镇压。

犹太人的遭遇，无疑在格鲁夫幼小的心灵上留下了无法抹去的阴影，这是他潜意识中深深隐藏的自卑，即使他在书中全然没有提及当时的心情，但从他不敢在人前抬头张望的描述中不难看出，自卑感以及对自己身份的不认同感已悄然萌生。

让他产生自卑的第二个因素是身体的多次创伤。在4岁那年，他得了猩红热，持续的高烧让他在医院里昏迷多日，几乎是在鬼门关走了一遭，并且双耳听力严重受损，让他成了一名需要被特别照顾的孩子。"双耳出现的问题困扰了我好长一段时间。为了安抚我，母亲给我买了一个小熊的手偶，我可以把它套在手上，通过运动手指来控制它。她经常用手偶表演来逗我开心。当我拿到我的小熊手偶时，我故意在它耳朵后面接近我受伤的地方剪了一个小洞，然后用绷带给它的耳朵包上，让它看起来和我一样。"

将小熊的耳朵剪了一个小洞，用绷带包上这个举动，充分体现了格鲁夫内心强烈的不满和委屈，他认为自己丧失了某种能力，需要被区别对待，就算是别人站在面前，他也听不清他们具体在说什么，除非对着他大声喊叫。他迫切需要有一个和他处在同一处境的同伴，那就是看起来和他一样的小熊。从心理学角度来讲，其实这里已经有了偏执个性的雏形，就是"攻击性"，因为强烈的"不公平"而产生的动机。

值得庆幸的是，他遇到了亚尼，一个擅于从乐观角度看待问题的人，从另一个角度对听力障碍做出了诠释："听力障碍也并非一无是处。亚尼说，就像盲人利用其他感官的强化弥补了其视力上的缺陷，因为耳疾，我也得以开发出了其他感官的潜力，从而减弱了听力上的不足对我的影响。因为听不清楚，我必须以更快的速度对各种非言语的肢体动作做出反应，并留意各种信号。因为我经常只理解了句子中的只言片语，所以我必须不断地锻炼大脑，让自己变得更聪明。我喜欢亚尼的理论，因为在他看来，听力不好让我变得更聪明了，这正合我意。"

由此，格鲁夫豁然开朗，也因此找到了如何看待缺陷和困难的方式，这是他后来面对困境临危不惧的动力。他学会了接受，前提是找一个可以让自己兴奋起来的理由，这其实也就是心理防御机制中的"合理化"，将困境合理化，并以一种积极的、乐观的维度去看待，那么缺陷会变得美丽，困境成了机遇。

格鲁夫的偏执元素同样体现在和父母的相处模式中。童年的格鲁夫有一个幸福的家庭，父母对他关爱有加，开工厂的父亲一度让家人过着中产阶级的生活，他对父亲有着同等于母亲的依恋。一切的转变开始于父亲在战场上失踪以后，他明显感到了母亲的变化，母亲开始酗酒，和同样遭遇的女人互诉衷肠。

"女人们常常无所事事地待在公寓的大房间里，聊着天儿，喝着白兰地，抽着烟。一般在见面时打完招呼后，我便成了隐形人，被搁在一边。这种时候，我总有一种被遗忘的感觉，待上一会儿我便溜回小房间的角落里自己玩了。"

这使得6岁的格鲁夫感到与生俱来的恐惧和寂寞，"隐形人""搁在一边"是孤独、受到冷落的描述，也是不安全感萌生的表现。

"我住在亚尼父母家的农舍里……亚尼的父母上了年纪，沉默寡言，也没有其他小孩跟我玩，所以到那儿以后，我的生活就变得单调乏味起来，日子过得很慢。我感到孤独，很想念母亲。"

这样的不安全感，导致格鲁夫对母亲的爱产生了质疑，从而让他对母亲的占有欲更加狂热。在母亲一次次寻找父亲的过程中，他非但没有充满期待，而是表现出了厌恶。

"母亲依然执着地打探着父亲的消息。

"这种强迫性的询问让我极不耐烦。

"我已经不太记得父亲,而且本来就已经模糊的记忆又被母亲的这种执着搅得更加模糊。这是另一件让我生气的事。每次她询问或强迫别人说关于我父亲的情况时,我就大为光火。"

按理说,这是一件很难理解的事情。所有的孩子都希望父母能够陪伴在自己身边,格鲁夫的父亲在他记事时给他留下了美好的回忆,他应该和母亲一样,对寻找父亲充满向往才对,何以至此呢?

这就是偏执性格的一种体现,得不到的就不要再提及,他接受不了失去。或许是因为失踪多年的父亲丧失了陪伴的资格,或许是因为战争中一次次和母亲分离,或许是因为陌生名字下犹太人卑微的灵魂,又或许是更早的双耳失聪,格鲁夫的偏执性格已然成型。

格鲁夫还是幸运的,他所经历的磨难最终还是得到了相对圆满的结局。战争结束了,父亲回来了,他考上了梦寐以求的大学,这也让他对新生活有了新的向往和期盼,而这也是他治愈童年创伤的开始。

他在学业和事业上的孜孜不倦、永不言败的精神,正是来自经历战争洗礼后的重生,也来自对自身缺陷的藐视。他在事业上功成名就后,愿意将毕生管理经验传授于他人,出版新书,让安迪·格鲁夫这个名字享誉全球,是对自我价值和犹太人身份的最大肯定。

这应该是偏执者最好的结局和榜样了。

# 生活中，偏执者更容易走极端？

**偏执者最明显的行为表现是控制欲**

无论是工作中还是恋爱中，掌控是偏执者唯一的诉求点或是追求目标。一旦事态的发展超出可控范畴，他们会比普通人更难以接受事实。

【案例一】曾经有一位女士找我做心理咨询，她和前夫结婚不到半年，因为频繁吵架分居了。她非常想念丈夫，实际上，丈夫对她也是藕断丝连，于是两人决定重修旧好。然而好景不长，相濡以沫的日子没过上几天，两人又开始重蹈覆辙。一开始丈夫处处忍让，直到女士气急败坏地砸坏了电视，丈夫才愤然离开。出现在咨询室的时候，女士不断描述恋爱时丈夫对她是多么体贴爱护，什么都听她的，结婚后却不顺从她了。我问她"顺从"的标准是什么？她说她要求丈夫无论在何地，都必须第一时间回复她的微信或接她的视频电话，并且这样的"查岗"行为一天中至少会出现三次以上，特别是丈夫晚上加班或是应酬时，她的电话追踪更是变本加厉。这就是两人发生争执的原因，她担心丈夫喜欢上别的女人，只有丈夫在她眼前时，她才会安心。

事实上，通过对细节的进一步论证和了解，咨询师并没有发现这位丈夫有任何出轨的迹象。从恋爱到结婚，两人之间也没有出现过真正意义上的第三者。这位女士之所以会产生各种担心，是因为丈夫的活动超出了她的掌控范围，控制欲来源于低自尊，低自尊产生自卑感，自卑感促就更强的控制欲。

控制的过程能让偏执者实现自主权，自主权丧失是形成偏执的主要原因之一，这一点会在后文中详细讲到。

失去控制感的偏执者，将处于焦虑甚至恐慌中，因此，他们十分清楚该怎么做才可以缓解焦虑。控制，也可以理解为偏执者的一种特殊防御方式。

**偏执者对知觉活动的关注度比普通人更高**

美国心理学家佛朗新·夏皮罗将它描述为"僵硬且有意的"注意模式："在某种程度上，偏执者正在积极地扫描他的环境，以获取一些信息或数据，这些信息或数据将为他的内部系统提供信任。"

偏执者之所以没有普遍存在，是因为他们对于环境的强烈感应能力是常人不可比拟的。案例一中的女士对丈夫周边有可能出现的隐患进行了 360 度无死角扫描，就像是预警雷达一般，她的行为正符合夏皮罗教授讲的"定向注意力"，对于她丈夫所处环境保持着一种怀疑的、僵硬的、紧张的搜索状态。这让人联想到侦探福尔摩斯，总是能关注到别人根本不留意的蛛丝马迹，让人赞叹不已。女性原本就比较敏感，一旦进入偏执范畴，无疑会给他人造成压力。

实际上，恋爱中的大多数女生或部分男生，都曾有过这样的体验。这是处于恋爱状态中，力比多大量涌出，将人的注意力过度吸引到恋人身上的缘故。这种情况一般出现在热恋期，这是可以理解的，但如果一直处于高度警觉状态，并且对任何人或事物都一样的话，那么偏执的本能会更不可控。

【案例二】我的另一位来访者是刚踏入社会的男性，由于家庭背景，普通大学毕业的他被安排进了某世界 500 强。原本在学校成绩卓越的他，在更优秀的同事面前，变得黯然失色。于是，他特别关注同事对他的评价和态度，有时候一个无意识飘过的眼神，都会让他想法很多，猜想对方是不是对自己有意见。当一个人的精力无法集中到工作上的时候，效率自然会很低。这位男性屡屡遭到领导指责，最后只能抱病在家，失去了这份人人羡慕的工作。

这就是注意力的选择倾向出现了偏差。当一个人的注意力变得僵硬而警觉，那么认知也会随之发生扭曲。这就像是两个相互作用的力，你强一些我就比你更强一些，这种拉锯需要有强大的、正能量的目标支撑，才可以让偏执的这一特性得到很好的发挥，而不至于把我们拖垮。我们可以将这个"目标"理解为驱动力，当我们找到新的预期，注意力的选择倾向才得以调整，并能在原有的认知框架里重新载入新的资源。

偏执者原本就容易走向两个极端——天才和病态。我们所讲的成功的偏执者，无疑也会出现过度警觉、过度关注这些特征，然而他们能运用自身的智慧、知识、经验、驱动力等资源，及时悬崖勒马，敏锐地调整自己的思维模式，将原有的扭曲的现实拨乱反正，转移注意力焦点。

回到案例一，如果那位女士能及时调整她的关注点，不是在凭空想象上，而是丈夫为何愿意回到她身边，结局可能就会大不一样；案例二中，如果那位男性的注意力不是放在别人对他的认同而是努力工作上，就不至于因为缺乏自信而放弃。

**嫉妒和不公平待遇是偏执的预期状态**

偏执者的自卑和自恋是相互交融的。因自卑而产生了自恋甚至是自大，或者因自恋而导致嫉妒。

安迪·格鲁夫身体的缺陷和犹太人的身份一度让他自卑，于是他通过不断地心理防御合理化、努力读书实现自我成长及突破，在事业上、权力上得到满足，悄悄隐藏了自卑，取而代之的是自恋。格鲁夫的自恋可以从他的管理风格上看出一二，自恋的人往往是以自我为中心的，然而领导者往往都是自恋的，因为只有欣赏自己、认可自己，才能有信心领导他人。

案例一中的女士实际上长得很漂亮，她父亲的生意又做得风生水起，从小她在蜜罐子里长大，20岁之前没有经历过挫折。她一直认为自己的条件非常优越，不仅容貌娇美，而且年纪轻轻已经拥有两套房产和一辆豪车，以她的条件，男人应该臣服于她才符合她的预期。同时，她又害怕自己遭遇背叛，这是她觉得很没有尊严的事情。因此，她每次恋爱都会像个上了发条的雷达一样，不停地搜索危险信号，总是在发现苗头不对的时候，抢先一步甩了男友。她很苦恼，觉得自己总是遇到渣男，对方没有好好珍惜自己，配不上自己的真心。然而实际上她所认为的"苗头不对"未必是事实，而分手却成了铁板钉钉的结局。

我问她通常是怎么判定男友"出轨"的？她说出轨没有抓现行，只是她看不得男友身边有其他女性出现，这些女性的眼中充满了暧昧，这是她不能容忍的。

很明显，这位女士不仅仅是在吃醋，她更介意的是男友除了她以外，还有其他追随者。她生气的并不是"出轨"本身，她是在嫉妒男友，在潜意识中，她不能接受男友被别人喜欢。被异性围绕的人明明应该是她，而不是男友。只有她可以在男友面前和异性煲电话粥，并且欣赏男友脸上微妙的表情，获得内心极大的满足。

这就是偏执者内心"不公平"的双重标准。他们以自我为中心，习惯性地获取周围人的赞美和追随，这和他们本身优越的条件或资源相关。因此当现实和预期落差很大，或者截然相反的时候，偏执者会第一时间感受到不公平。他们觉得自己有权拥有忠诚和幸福，而当另一个人拥有这一切时，他们就会感到不公平。这也体现在职场上，偏执者往往认为成功和胜利只能属于自己或自己的团队，一旦输了或表现不佳，他们会感到自尊心遭到践踏，并将失败归因于别的同事或者是客观因素，以此求得心理上的平衡。

正如施皮尔曼在描述嫉妒时所说："在嫉妒中，一个人经历了对失去一件非常珍贵的财产的恐惧、焦虑、怀疑或不信任，或对另一个人的感情和爱的分歧。它通常与一种警惕的态度相联系，以防范威胁的损失和努力保持现状，保有财产。在性爱中，这可能涉及试图从爱的对象那里获得专一的奉献……它发生在三个人的情况下，嫉妒的人害怕第三个人会闯入两人的关系并占有。"偏执者对待感情是专一的，这和他们单一的思维方式有关，因此他们要求伴侣也绝对忠诚，如果能做到绝对忠诚，那么拥有一个偏执的爱人也是相当美满的事情。

偏执者习惯将自己摆在受害者的位置，是为了证明自己的正确和清白，他们能够提供强有力的证据来佐证这一切，事实上，这些证据是经过筛选和夸大的，唯有当偏执者站在道德制高点的时候，才不觉得自己的自尊受到了伤害，他们希望更多人能看到他们所受到的伤害，并从舆论讨伐中获得支持的满足感。这就是为什么有的人会为了鸡毛蒜皮的小事而对簿公堂。

然而有一点是值得深思的——偏执者并非完全无事生非，他们唯有在感知到危机的时候，才会处于"战斗"状态。研究者在研究偏执受试者的感知系统时发现：偏执者在解读他人表情和话语时，比对照组的扭曲程度要大很多。偏执者对于感知不友善的面孔或举止更为敏感，而对照组则不会。

## 固执与偏见是一种自我防御

我们经常这样评价一个偏执的人——这个人想法刻板、固执，难以沟通。确实，偏执的人往往会具有刻板的特征。他们会凭着以往经验来做出回应，大脑接收的信息也将服务于自己认为对的那个答案。

【案例三】我同事的父亲就是一个性格偏执的人。退休之前，他曾是某高校的英语老师，是20世纪50年代第一批考取上海外国语学院的学子，曾多次被评为优秀教师，送走了一茬又一茬高三毕业生。他对待工作兢兢业业，经常挑灯批改学生作业，每一个学生的作业本上都留下了他回复的字迹。他深受学生尊敬和爱戴，但是就是无法和家人和睦相处。他很少参与家务，将这一切全然交给妻子，他的妻子每天下班一到家就张罗着烧菜做饭、收拾脏衣服，忙得像打仗一样，而同事的父亲则悠闲地躲在书房看书。一开始同事认为这可能和时代有关系，那个时代的男人天生一副当家做主、家务高高挂起的模样，烧菜做饭自然是不会的。后来她才发现，其实父亲并不是不会做菜，而是他在做菜时，妻子总喜欢在身边指手画脚，诸多埋怨。得不到认同是偏执者最大的忌讳，更别说当场受到指责了。几次之后，她父亲就学会了逃避，很少踏入厨房。再有，妻子交代要买的东西，哪怕跨越半个城他都会买回来。很有意思的一次是，妻子让他买某品牌的大米，因为附近超市卖完了，他愣是坐了来回两个小时的公交车，回到家后，自然早过了午餐的时间了，妻子抱怨他不懂得变通，然而变通是偏执者最不擅长的事情。

实际上，回避下厨也好，跑半个城买大米也罢，都是他"完美自我"的表现，同时，也是偏执者心理防御的一种呈现。他们的思维方式相对简单——不擅长做的事情就不做了。这是来自以往的经验，说明偏执者呈现出刻板的思维过程，为情绪反应提供了合理化的手段。由此可见——偏执者更需要获得夸赞和认同。

固执有一个孪生兄弟——偏见。

偏执者的认知过程也是容易产生偏见的过程。简单理解，固执指的是对于事态的认知模式过于简化或夸张，而偏见则是建立在固执的基础之上，在对人对事还没有完全了解清楚之前，过早地下结论，并且寻找证据来证明自己是对的。

【案例四】小杰在进入新宿舍时，因为自己是插班生而感到拘谨。刚巧有个同学走进来，因为曾在校门口见过面就打招呼道："是你呀，你也住我们宿舍啊？"原本是一句很普通的问候，可能更多的是对新生的好奇，然而在小杰听来，却是一句挑衅他的话。他认为自己遭到了排挤，之后一直把这名同学当成假想敌。无论是就餐还是打篮球，只要有那名同学的影子，他就离得远远的。在宿舍中，更是戴上耳机，避免与其交谈。

小杰凭着一句话就过度解读了同学的意图，不仅让自己陷于尴尬的状态，也给同学造成了一定程度的困惑和伤害。可见，偏见是在缺乏全局观的情况下形成的片面的想法，而它一旦产生，就需要更多的反向证据才能推翻。偏执者往往不会去寻找反向证据，而是认定自己的判断是正确的。这种片面理解在某种程度上也属于自我防御的一种，它的内心独白是：我不需要任何人接纳或怜悯，我还看不上你呢！

因此，偏见也是激进的。它一旦形成，就像一个黑洞，将所有不利的证据进行夸大和吸纳，容易激发矛盾，令人际关系处于危机状态。

然而偏执者是很难被说服的，当他们有理有据地讲述某人怎么刻薄他们时，如果你拿出反驳他们的依据，非但会遭到质疑，搞不好也会被拉入黑名单，因为偏见唯有对立，不存在和解。

这就如同办公室政治一样，一个公司由于存在不同的利益群体和决策层，很容易形成对立面。经常会听到老员工对新来的说——你可别站错了队！而如果一个公司存在小团体，很大程度上代表着领导层对下属的管理缺乏同理心或者是公平性。

【案例五】广告公司策划小天，是公司的元老，业务水平一流，战功显赫，只是平时沉默寡言，容易较真，在和领导沟通工作的时候，总喜欢让老板随着自己的喜好来。他一直想荣升总监，好不容易等到一个机会，却冷不防空降了一位领导，还是一个比自己年轻的女性，这让他无法理解和接受。在新总监上任之后，他总觉得新领导处处在和他作对，每天的上班成了煎熬。有一次，因为团队聚餐时，新总监点了辣的菜系，小天就觉得是故意针对他，因为他不能吃辣，和总监的芥蒂也越来越深。

哈文纳和伊泽德使用洛尔量表对偏执型进行自我评定的研究发现，偏执者倾向于高估自己。他们得出的结论是："这是一种不现实的自我提升的证据，这种自我提升是为了防止失去真正积极的自我相关情感和令人满意的人际关系。"

小天自己认为业务能力强，就可以胜任总监岗位，但其实远远不够。公司的领导层除了懂技术之外，更要懂得如何处理各个部门间的协调工作，而这一点，正是小天的短板。小天没有正视自己的问题，认为是新总监的空降导致他失去了这个机会，这显然是片面的，由此产生的嫌隙也是嫉妒心在作祟。试想，如果小天能放下戒心，配合好总监的工作，成为新领导的一个得力助手，并且尝试多和同事交流，学会听取老板和领导的指示，那么他的改变老板自然会看在眼里，新的机遇也会应运而生。只是，偏执者一般都不太愿意违背自己的第一意愿，因为偏执者的思维模式是"认死理"。

### 极端是偏执的认知黑洞

什么是极端？一则代表了方向，二则代表了程度。

毛泽东曾在《论十大关系》中讲道："自己毫无主见，往往由一个极端走到另一个极端。"这就是认知的盲从。而偏执者恰恰相反。

偏执者太有主见了，之前讲过，偏执者认定了目标，就会不惜一切代价去获得。所以如果偏执者的目标是正能量的，那么周围人的消极言语并不能影响他们，他们会有选择性地听取认同和鼓励的话语，从而更加努力；如果偏执者的认知是消极甚至是黑暗的，那就容易受到同一方向的诱导或蛊惑，走向极端。

极端分为对内和对外。对内的极端指的是不放过自己；对外的极端指的是不放过他人。有的偏执者因为遭遇情感或生活的重大变故，选择伤害自己甚至结束自己的生命，这就是对内；有的偏执者会通过打击报复惩戒、伤害他人，这就是对外。无论是对内还是对外，都存在某种催化剂。我们知道偏执者的认知原本就和常人不太一样，他们更容易产生联想，容易过度解读他人言行，正因为这样，他们的智商往往高于常人，同时喜欢掌控他人，极度厌恶被他人掌控，哪怕是亲人。

还记得北大高材生吴谢宇弑母案吗？

2021年8月26日，福建省福州市中级人民法院对吴谢宇故意杀人、诈骗、买卖身份证件案进行一审公开宣判。2015年7月10日17时许，吴谢宇趁谢天琴回家换鞋之际，持哑铃杠连续猛击谢天琴头面部，致谢天琴死亡，并在尸体上放置床单、塑料膜等75层覆盖物及活性炭包、冰箱除味剂……

了解案情的人都知道，吴谢宇天资聪颖、成绩优异。2009年，15岁的吴谢宇以全校中考第一的成绩考上了福州一中，随后经过三年的学习，2012年，他又成功考入了北京大学经济学院，成为一名北大青年。他一直是母亲的骄傲，而他弑母却不是激情作案，是蓄谋已久。

根据网友分析，吴谢宇弑母动机是因为严厉的管教，母亲望子成龙的心在他看来是一种令人窒息的桎梏。而从心理学角度分析，这和他幼年丧父不无关系。父亲角色的缺失，往往容易造成孩子扭曲的性格，如果母亲的角色是温暖的，那么孩子更会依赖，比如单亲家庭养育出"妈宝男"的概率会高于健全家庭；如果母亲的角色是严厉苛刻的，那么孩子的安全感缺失更严重，有的人会丧失自尊，形成"讨好型人格"或"偏执型人格"。吴谢宇属于后一种。因此，他的弑母故意并不是案件发生前才有的，而是与更早的某个事件有关。

然而不是所有的偏执者都会走向极端，这就是程度问题。绝大部分偏执者是积极和阳光的，他们往往比常人更具备激情和优越感。我经常和同事开玩笑说："半杯水"的偏执是最恰到好处的，做事情有韧性、有主见，但又不至于框死自己。这是需要有悟性的，要做到并不容易，至于具体怎么做，后面的章节会讲到。

## 偏执，是"敌意重重"的黑暗人格吗？

很多人认为偏执属于黑暗人格，而黑暗人格则是人格障碍的代名词。

什么是黑暗人格？

2002年，加拿大心理学德尔罗伊·保尔胡斯和凯文·威廉姆斯提出了"黑暗人格"的概念，将马基雅维利主义、自恋、精神病态归纳为黑暗人格三联征。这三个人格特征各有所指又相互关联，成为黑暗人格不可分割的评断标准。其中，马基雅维利主义（Machiavellianism）是由政治哲学家马基雅维利提出的心理学观念，在心理和行为上一般表现为愤世嫉俗、冷酷无情、实用主义、擅长欺骗和忽视道德，通俗来讲，就是利己主义。

在日常生活中，有的人只结识对自己有利的人脉，他们往往目的性明确，为此不择手段。他们擅长欺骗，惯会见风使舵，我们经常会听到这样的案例：辛苦培养的徒弟暗自巴结上司，诋毁师傅，最后将师傅取而代之；职场上，个别人习惯偷鸡摸狗，窃取他人的奋斗成果，占为己有。在宫斗剧中，就有很多为了争宠而伤害他人的角色，而对于男性，更多体现为对权力的角逐。韩剧《来自星星的你》中李载京这个角色就是典型的黑暗人格，为了名誉和地位，不惜杀害未婚妻，并设计了一系列的"意外"企图伤害女主，这就是黑暗人格的本质：缺乏道德观念。在伤害他人这件事上，他们不会感到内疚，相反会认为解决了一个棘手问题，只要是对自己有利的，就是对的。

马基雅维利主义的人在对待感情方面同样是以获取为目的。这可以从两个方面去理解，一是利用感情获得利益，比如我们经常说的"凤凰男"，善于欺骗女生感情，通过恋爱、结婚等方式获取利益。反诈骗中心一直宣传的"杀猪盘"中的骗子，同样属于这类范畴。他们对他人造成伤害时，不会产生任何同情或怜悯，也没有意识到这是犯罪，在很大程度上，他们是反社会的，甚至以此为荣。

二是强迫与他人发生性关系，因此大多数强奸犯都属于黑暗人格。值得注意的是，在社会上，对于"性剥夺"的黑暗人格案例有很多。比如公司领导利用职权或职务之便，诱导或强迫下属与之发生性关系；比如婚姻生活中，在爱人身体不适或无意愿的状态下，强行与之发生性关系，并认为是对方应尽的义务（实则在法律上属于"婚内强奸"）。遗憾的是，由于这类现象很多，而社会的容忍度又很高，人们变得麻木或视若无睹，将前者称为"潜规则"，将后者称为"交公粮"，而忽略了这些行为的本身。

【案例六】一位男性来访者曾因婚姻问题找我咨询，他表示很爱自己的妻子，但是在夫妻生活方面，妻子的表现让他很难堪。妻子很少关注他的需求，会以一种厌烦、冷漠的方式来拒绝他，而一旦妻子自己有需求，又会逼迫丈夫，无论是他腰部受伤还是深夜加班回家，似乎都不会引发妻子的关注与妥协。一开始，我对这位妻子的评判是自私，但当来访者提到妻子还有习惯性说谎和设法让亲生母亲过户房产时，我意识到，这位妻子符合"马基雅维利主义"特征。

　　黑暗人格的第二项特征是自恋（narcissism）。自恋，顾名思义就是爱自己。英语中自恋一词来自古希腊神话故事中的那耳喀索斯，这个故事非常形象地诠释了什么叫"自己爱自己"。那耳喀索斯出生的时候，有法师预言他不能照镜子，否则就会死亡。因此直到成年，他都不知道自己长什么样子，当然也不知道什么是镜面投射。他只能从旁人的称赞中得知自己的容貌非凡。随着向他求爱的人越来越多，他对自己的容貌就越发自信，他看不上前来提亲的所有人，认为他们都是凡夫俗子，配不上他"美若天仙"的称号。直到有一天，他误入了森林，在泉水边看到了自己的倒影，从未照过镜子的他，被泉水中自己的倒影迷住了，那人和自己是那么相像，更何况他的容颜如此俊美，无论是衣着还是举手投足，终于能遇见知心人，让那耳喀索斯感到无比幸福。但马上，他意识到泉水中的人无法说话，也不能走到他眼前，他终于明白了，那是自己的倒影。然而爱意已经无法改变，他依然迷恋着泉水中的倒影，每天到泉水边看自己，并因无法得到他而感叹不已。最终，他如预言所讲，逝去了生命。在通过地府冥河时，他的灵魂依然不忘寻找爱而不得的倒影。在古希腊，人们将低头欣赏倒影的水仙暗喻那耳喀索斯，也暗喻"自恋"。

　　我们尝试从心理学角度分析自恋。自恋不是天生就有的，一开始甚至并不会萌生。它隐藏在人性的某一处,需要一个载体来激发。正如同那耳喀索斯一样,夸奖他的人多了,求婚的人多了,他自然能感知到自己有多"俊美";其次,自恋是一种内心封闭的精神状态,自恋的人往往只关注自身,对于别人的样貌、财富、能力视若无睹。我们每个人多多少少都会自恋,都想成为别人眼中闪闪发光的人物,这会让我们更加努力地生活、工作。但如果过度自恋,完全沉浸于对自己的欣赏,就容易造成人际关系障碍,从而无法适应社会、融入社会。

弗洛伊德曾在《自我与本我》中阐述,自恋是一种孤傲的专注于自我的病态表现,一个人将本来投向外部事物的能量完全倾注于自己身上,沉浸在自我幻想当中而丧失了现实感,也无法与别人建立起亲密关系。

其实精神分析学派较早关注自恋的人格心理学意义,自恋也成了临床和变态心理学领域的研究课题。研究者将自恋视为一种人格障碍,直到奥地利自体心理学创始人科胡特在弗洛伊德自恋病态理论的基础上提出自恋是普通人人性的一部分,从而将自恋引入人格和社会心理学。他和弗洛伊德同属精神分析流派,在研究了大量临床案例、脑神经学及社会抽样调查后认为,自恋属于广谱现象,而不应简单将其视为人格障碍,应该将它作为社会环境因素的一部分来考量。

亚临床阶段的自恋表现一般是以自我为中心、对物质要求较高、高消费并喜欢融入上流社会、脱离实际的优越感、对他人有强烈支配欲、容易产生嫉妒、言行傲慢、追求完美的爱情。

【案例七】孙娜(化名)是一家跨国公司的高管,拥有自己的豪车、别墅,年收入百万。身价不菲且姿色卓越的她,30岁出头还处于单身状态,她并非不想有一个美满婚姻,而是一直找不到符合她条件的伴侣。她坦承自己是一个只喜欢恋爱的人，喜欢被追求的过程，每每到男方求婚，就到了恋爱终结的时刻。于是她交往了一任又一任男友，始终改变不了这个魔咒。为此她很苦恼。最近分手的男友是她最满意的一个，然而结局却如出一辙，当男友表达结婚意愿后，她退缩了。明明觉得对方不错，为何要拒绝呢？

深入了解后我发现，原来孙娜的恋爱对象几乎都比她小几岁，有的还只是大学刚刚毕业。她表示就算再喜欢，也做不到和事业还不稳定的毛头小子谈婚论嫁，然而年龄比她大、经济实力比她强的追求者她又觉得相处时很不自在，一想到以后要为他洗衣做饭，她连连摇头。

孙娜不仅对恋爱对象是这样的态度，就连对待其他人也是如此："我很少觉得有谁是可以深入交往的，他们身上总是有这样或那样让我看不惯的地方，特别是那些总想巴结我的人。我当然明白他们的目的是什么，不是为了和我做生意就是为了追求我，可我凭什么要应允他们？"

不难看出，孙娜的这些话，都是以"我"的感受来展开，无意识地抬高自己的同时贬低他人。我们知道看待一个人的价值要全面，第一印象固然重要，但也不是全部。孙娜与人交往的标准是以"自我感受"为前提，这就是自恋中的支配欲。自恋的人因为只能看到自己，因此唯有能被她支配的人才能够接近她甚至俘获她的芳心。她喜欢和年龄小的男生恋爱正是因为年龄和经济上的落差可以满足她对男生的掌控欲以及男生对她的崇拜和依恋。而不愿意和他们结婚，是因为她的虚荣心作祟。在潜意识中，她认为这些人都是配不上她的，在亲戚好友面前也是拿不出手的。另外一点，她害怕结婚后，男友不再像以前一样追随她，她的优越感会被柴米油盐磨光，这其实就是她没有看透的地方。如果想要改变这一切，她得调整对结婚对象的期望值，并且认识到自己的问题：人与人之间的交往是双向奔赴的，无论是爱情还是友情，尽量不用利益和金钱来衡量得失，做到默契和真诚才会有真正的收获。

黑暗人格的第三特征是精神病态。按照字面意思，我们很容易将"精神病态"和"精神病"或"反社会人格"联系起来。事实上，精神病态曾一度被心理研究者认为是反社会人格障碍，但是随着研究的进一步深入，被测试人员慢慢从罪犯和精神病人转移到普通大众之后，研究者发现，原来精神病态更符合人格特质。

亚临床阶段的精神病态更像是一种人格特质，精神病态者并非个个都是病人或罪犯，正常人也有病态心理和病态行为。由此，精神病态成为人格心理学的研究对象，被逐渐扩展到普通人群。作为人格特质，精神病态在行为上一般表现为：大胆、缺乏控制、缺乏内疚感、缺乏共情、缺乏焦虑。

由此可见，罪犯、人格障碍中的边缘人格和反社会人格符合精神病态的行为模式，而符合一般表现行为的普通大众也具有精神病态人格特质。比如黑社会团伙、盗窃诈骗团伙、恐怖组织属于前者，而我们通常说的"渣男渣女"，即玩弄他人感情、习惯性出轨、家暴行为等属于后者，都符合精神病态人格特质。

综上所述，马基雅维利主义、自恋和精神病态在特征和结构上并不相同，然而它们在行为表现上却存在某些共性——自以为是、冷酷无情、表里不一、有攻击性，这些共同特征反映了亚临床人格的阴暗面。

在了解了黑暗人格的特征之后，我们再反过来解读偏执。提到偏执，你会想到什么？挑剔、古怪、冷漠，还是偏激、自大、孤傲？

其实很多时候，我们对于偏执者是有误解的。很多影视作品描述了偏执者的形象——傲慢、自私、不懂人情世故。例如《山河令》

中疯狂灭世的温客行、《斛珠夫人》中因自己高兴不断杀戮他人的帝旭，还有《女心理师》中为争名夺利陷害同学的尤娜，这些人的行为不但偏激而且脱离了正常的思维逻辑。

因此，我们经常会说遇到偏执的人要敬而远之。不可否认，产生偏激行为是因为认知发生扭曲，而这无法证明偏执者一定会产生偏激行为。偏执者并非是病态的，他们的敏感多疑作为个性特征的一种，在环境适应过程中以自我防御的方式呈现。

德国精神病学家克雷佩林将其描述为"一种不知不觉中发展起来的、相对不变的妄想系统，它不涉及幻觉，可以与清晰有序的思维共存"。从专业理论和医学判定方向将偏执归为行事风格，并且和神经症区别开来。

因此我们经常认为这个人偏执，就是人格扭曲，是人格障碍，这样的说法是不科学的。实际上我们每个人都会有偏执的时刻。文献中记载："偏执思维是普遍的，也是比较常见的。它是处理不安全感和不充分感，或保护自己不受这种感觉影响的一种模式。"

这句话可以这么理解：当人的期待落空或者遭遇重大事件的一瞬间，都会引发偏执思维，由此产生一系列情绪上的连锁反应，例如低自尊、自卑感以及不安全感等感受引发的歇斯底里。

只是偏执者激发防御机制的频率相对高于其他人，这是他们的优势，可以帮助他们迅速做出反应，以保护自己不受伤害。

那么偏执和黑暗人格如何区分？

偏执很大层面来源于焦虑和不安全感，由此产生控制欲、自恋、敏感多疑，这和黑暗三联征有很大区别。黑暗人格较为明显的特征是胆大、做事激进、低焦虑、低内疚，容易给他人造成主动伤害，且无内疚感。

在不考虑神经症的前提下，偏执作为人性特征之一，对他人并未造成恶意伤害，相反，偏执者因过多考虑细节，更易引发焦虑。

简单来说，黑暗人格以攻击为主，偏执人格以防御为主。"偏执风格服务于一定的防御目的。临床上，偏执者并不会表现出任何明显的焦虑，或者更确切地说，只有当偏执型防御开始崩溃时，他们才会表现出焦虑。因此，偏执防御可以被看作是对焦虑的防御，或者是对抑郁的防御。因此，偏执风格及其相关元素可以被概念化为为特定防御服务的操作。"

黑暗人格很难通过调解、再教育使其转变，除非遇到能触动他们认知结构的事件；但偏执者在人际交往中，并非完全排他或对抗，他们只是比较坚持自己的某些观点，如果遇到志同道合的伙伴，也会有相当愉快的合作。

我们应该尝试用更开放的视角来看待偏执者，挖掘他们性格中难能可贵的一面。

## 偏执者与爱情

很少有偏执者对待感情见异思迁。在刻板思维的作用下，偏执者对爱情的忠诚度是相当高的，白头偕老对他们来说并不是难事，反而是他们向往并追求的目标。前文讲到的艾迪·格鲁夫就是一个很好的例子，他和妻子相敬如宾，在著作新书时期，妻子是他第一个读者，也扮演着"吹毛求疵"的角色，他们拥有着让旁人羡慕的婚姻。

另外，偏执者对于追求的目标往往会保持相当长时间的耐心。他们的追求模式并不一定是张扬的，而是更擅长默默陪伴和全方位输出，用一个不太恰当的比喻就是"温水煮青蛙"，让对方逐渐融化于他们的温柔乡。当然，对于爱的对象，他们也会经过长时间的观察和摸排，这和他们谨慎的本性有关。

曾有一位偏执者对我说，爱一个人不是随随便便地选择谁，因为一旦发现爱错了，将会用 3 年或更长的时间去遗忘。因此，偏执的人一旦认定目标，就会全身心地投入，这对于两厢情愿的感情来说，是令人羡慕的。当然，如果偏执者遭遇拒绝，修复创伤的时间也会比其他人长很多，甚至会抱憾终身。

偏执者在感情方面遇到的另一个问题是性识别困难，换一个说法就是容易成为同性恋。但这并不代表所有偏执者都会成为同性恋，也不能将同性恋和偏执者直接挂钩。

偏执者之所以偏执，与其特殊的成长环境、社会环境息息相关，这将在后面的章节中详细讲述。而正是环境造就了偏执者敏感自恋、易幻想、自我认知不足、性别认同偏差等特性。

在以往我接待的偏执者中，很大一部分人承认自己曾有同性恋压抑状况，而在现实生活中有异性恋人或伴侣，个别人表示自己就是同性恋，其余人表示没有思考过这个问题。

德·布舍在偏执型和非偏执型精神分裂症患者身上发现了潜在的或明显的同性恋欲望；阿伦森在1964年对偏执患者罗夏测验数据的研究为同性恋假说提供了一些支持，因为它发现偏执患者中同性恋的比例远远高于非偏执者或正常人。

对于偏执者而言，同性恋妄想的存在很大层面来源于弥补内心的不足。对于男性来说，当他的童年经历不断提醒他"胆小、脆弱、像个女生"或在社会角色中没有实现男性目标时，就会产生性别识别障碍，从而让自己处于"受照顾"的位置寻求恋爱目标；而女性则相反，力求扮演的是照顾他人的角色，或者替代"背叛的父亲"的角色寻求女性恋爱目标。

在研究偏执症的过程中，研究者发现"伪同性恋动机比纯粹的同性恋动机出现的频率要高得多"，即喜欢同性只是一个假象，其真实意图是对自身的不认可或是对内心创伤的打击报复，正如范登土路在1972年指出的那样，同性恋似乎与一个人的自我形象联系最为紧密，而这个人的自我形象是"卑微的，可怜的"。

虽然研究者将同性恋的成因归结为"消极身份"及"偏执动力",但我们依然需要澄清同性恋现象不属于精神病研究范畴,近代心理研究已经将同性恋归为正常性取向的一种,只是在不同国情、家庭背景、社会舆论下,呈现的形式有所不同。

在此提到这个概念,无关支持或反对,只是单一地从偏执者爱情观中提炼一个分支,让读者更了解偏执者的性取向未必是真实意愿,而是一种自身美好意愿的投射。

例如一名女性偏执者表示,她在幼年目睹了父亲出轨,她想成为能对女性从一而终的那个人,其根本意图是对父亲的谴责以及对母亲遭遇不公平待遇的弥补行为。我们之前讲过,偏执者个性中最明显的标志是"焦虑"和"不公平待遇"。

而对于男性偏执者出现"伪同"现象,与他被剥夺"男性"特征所产生的焦虑密切相关。比如有些家长喜欢将男孩打扮成女孩的模样,或者母亲过于强势,父母角色倒置等。

撇开同性恋舆论这个层面,偏执者无论异性恋还是同性恋,都会充当忠诚、有责任心的一方,当然,他们对爱人的要求也是相同的,和偏执者恋爱或步入婚姻,是充满安全感的一种体验,前提是你得符合他们的预期和要求。

## 偏执者与事业

偏执者在对待工作方面会呈现两种模式:一是恪尽职守、任劳任怨;二是桀骜不驯、混沌度日。

无论创业也好,打工也罢,如果我们发现一个人对待工作尽善尽美,废寝忘食,那么这个人往往符合偏执标准,代表群体有各个领域的研究人员、发明家、医生、企业家等。显而易见,很多研究岗位需要具备偏执特性的成员。

不过我们需要关注的是另一个现象,就是萎靡不振或失败的偏执者。实际上没有一个偏执者会承认自己萎靡不振，造成他们待业在家或者失败的原因一定是第三方，其实这是不无道理的。

偏执者普遍高智商，但他们需要遇到能识别并提携他们的伯乐，偏执者需要一个能充分施展个人才华及能力的舞台，然而很多时候不尽如人意。他们的"低情商"会成为阻碍他们前进的绊脚石，他们的才能和孤傲的性格很容易成为众矢之的，如果没有支持和鼓励他们的人，他们就会像流星一样，滑落天际。

电视剧《特战荣耀》中的燕破岳，从小的目标是成为"之最"——当最好的学生、考最好的成绩、做最好的战士。他孤傲和特立独行的性子成了军队管理很大的难题，幸亏他遇到了默默扶持他的团长，在一次次挫折中鼓励他，引领他一步步打开心结，才造就了一名野战部队屡获军功章的合格战士。

因此，偏执者是需要被发掘的一匹黑马，同时也是最难驯服的，一旦他们找到了伯乐和前进的方向，离大好的前程就不远了。

也有人会问：我很"偏执"，但我为什么没有取得很好的成就？

【案例八】在咨询室中，我遇到这么一位来访者，他对周围人给他贴上"偏执"这个标签感到十分不满。他毕业于名牌大学哲学系，目前是一名博士后导师，他妻子是妇产科主任医师，受人敬仰、家境优渥，13岁的女儿就读于国际学校，接受双语教学。

在很多人看来，他已经取得了人生中阶段性的胜利，然而在他的眼中，这些都不算成功，反而让他感到焦虑和惶恐。他感觉中年危机正在吞噬他的意志，他应该有更高的成就，甚至可以更进一步，为后人敬仰，他的成就不能止步于此。

这是偏执者较为典型的自我价值设定，他们将不断在前行的道路上披荆斩棘，当在某一个领域获得成果时，他们会寻找下一个目标，如果暂时没有合适的发展项目或空间，就会变得焦虑。

大多数偏执的人是不会承认自己是偏执的，正如这位来访者反感别人对他的评价一样。我向他解释，偏执有时候并不是贬义词，也列举了很多成功人士的例子作为佐证。

然而我并没提他是一个偏执者，而是用他的思维认可了他的观点——其实你并不符合"偏执"这个标签，因为偏执的人是不会承认自己处于窘迫中的。他立马反驳我说："我当然知道接下来该做什么，其实我也没有你想象的那么无助。"于是，我和他的聊天朝着如何挖掘自身优势，发展其他领域的话题开展下去。

通过这个案例我们可以看到：第一，部分偏执者看不到自己已经获得的成就，认为自己不应该如此平凡；第二，他们看到了自己获得的成就，但他们对于自身价值的体现有更高的期待。

这位来访者属于第一种，而更多伟人属于第二种。但无论是哪一种，我们尝试用正向的方向去理解——他们都希望可以达到自己或他人眼中的心理预期，哪怕他人并没有给他们施加任何压力。

这是一种值得推崇的精神，接下来需要的是计划、实践和机遇，即使在平凡的生活中，我们也可以成为自己心中的"伟人"。

第 **2** 章

# 偏执者想要与他人交心有多难？

## "独乐乐"和"众乐乐"之间缺少了什么?

孟子曰:"独乐乐,与人乐乐,孰乐?"这句话流传千年,当我们想到"分享"这个词,自然联想到这个典故。其实我们从心理学角度去理解它,能参悟它的另一层含义,即"情绪传递"。一个人的快乐是单一的,两个人就能将快乐翻倍;一个人的悲伤是沉重的,有人分担就可以缓解,这其实就是情绪传递的意义所在。

在人际关系中,我们渴望得到他人的支持、鼓励和友谊,这能满足我们的精神需求,同时,我们也愿意持续将温暖传递给他人,通过帮助他人来实现自身价值。这种精神利益的交换能驱动人际关系的良性发展。

人际交往是正常的社会需要,我们通过对他人的认知,了解他人的性格、品行、习惯和喜好,适时调整自己的言行,从而达到关系的和谐,有利于工作或亲密关系的发展。

从发展心理学角度分析,人在儿童时期(3—5岁)就已经开始对他人产生兴趣,渴望获得友谊,比如幼儿园时期的儿童很自然地喜欢和"爱聊天""很能玩"的孩子在一起,这是人际知觉的启蒙阶段。所谓人际知觉,归属于社会知觉,社会知觉还包括对人、对己的知觉以及对社会事件因果关系的知觉。

皮亚杰认知发展理论中提到人对自己和他人的认知有赖于他们的认知发展水平,而认知发展水平对社会认知的发展起到了推动作用。其实从童年时期开始思考"我是谁",到青少年时期的"他是谁",再到成年后思考如何与他人更好地相处,是一个连贯的、习得性人际发展的过程。

3—5岁的孩子能分辨不同环境下亲密伙伴的典型行为，还不能了解一个人的人格，他们习惯通过某个行为来评判他人，比如"小明很大方""妮妮是个小气鬼"，同时，这个年龄段的儿童能根据他人的具体行动是否具有危险性做出正确的心理学推断；4—6岁的儿童能够正确理解人格特质的心理学意义，比如会评断某人的行为是好还是坏；7—16岁，儿童更多使用心理描述来形容他们身边的人，比如这位同学具有体育天赋，那位同学是富有同情心的人，他们不再轻易相信他人的评断，而是喜欢通过自己的观察得出结论，到了青少年中期（14—16岁），不仅能对身边人的性格加以区分，还能结合情景因素，比如疾病、家庭不和等，由里到外地对同伴的行为进行解释，由此对其性格形成连贯的印象。

成年人对于他人的评断所参考的依据会更多，在社会人际关系中，很多时候会以结果为导向，比如工作中合作伙伴是否称职，是以取得的战果为参考值，在某种程度上是"去性格化"的一种表现，人们善于用他人能接受的形容词来描述某个人，比如难以驾驭的人称为"有个性"，生活能力差的人称为"不拘小节"，由此人际关系学也就应运而生。而人际关系学扎根于社会关系学，服务于人际关系理论与人际交往实操的研究。然而，随着生活水准的不断提高，教养方式越来越内卷，很多青春期的孩子出现环境适应障碍、分离焦虑、社交障碍等症状，在异常心理评判标准中，社交障碍已经成为一项参考依据。如果一个人的智力、能力都没有问题，但无法融入社会、正常社交，那么将对他是否患有焦虑症、神经症有参考价值。

偏执者不归于神经症，但他们中间的大部分人有社交困难征兆，很大一部分原因是因为他们很难和他人建立起信任关系。

"信任的一般状态，不仅意味着一个人已经学会依靠外部提供者的不变和连续性，而且还意味着一个人可以相信自己和自己的器官处理冲动的能力；一个人能够认为自己足够值得信任，这样提供者就不需要警惕，以免他们被夹住。"

这句话的意思也可以这么理解：一个人首先要学会信任自己、接纳自己、相信自己的能力、发掘自身优势，然后才能面对外界，学会信任他人并且保持和他人相互信任的持续状态。

而皮亚杰认知发展理论告诉我们，一个人认识自己是获得自尊的前提，而自尊根源于安全感的确立，这就需要追溯到婴幼儿时期。如果婴儿无法在母亲或养育者身上获得安全感，那么在整个成长过程中，就容易"自我贬低"，婴儿从和母亲肢体的接触、聆听的声音、获取的温饱和爱抚中感受被爱，以此感受这个世界的美好，这是安全感萌芽很重要的阶段，是获得被爱经验的最初时期，也是一个人和周边人产生连接、建立信任的关键环节；另一个关键时期是青春期，之前我们讲过，青春期是建立人格和认识他人人格的特殊时期，慢慢由对他人的印象阶段过渡到通过心理维度形成他人印象的阶段，包括对亲人的认知和亲密关系的发展变化、自主意识的构建，这一阶段也是促就安全感和自我认同感形成的关键时期。

我们曾给留守儿童做了关于安全感的问卷调查，年龄集中在14—16周岁，调查人数为280人，其中260人表示对外出的父母不抱有期待和想念，且对他人有很大的防备心理，觉得自己和别的孩子不一样，属于被遗忘的人，我们将这种现象称为"习得性无助"。如果一个人经常在希望和失望中周旋，那么就会形成"习得性无助"。顾名思义，"无助"是无能为力的体现，也是自我贬低和"低自尊"的雏形。一个习得性无助的人往往是缺乏安全感的，因为他们在面对类似事件时，缺乏自主意识，不知道该如何应对。有一个现象引起了我们的关注，这260人中有230人认为他们不需要父母的陪伴也能过得很好，这些人的在校成绩往往名列前茅，老师对他们的评价也如出一辙——成绩优异，但不太合群。我们又对他们进行了偏执人格问卷调研，发现他们基本符合偏执人格特征，由此可见，不安全的成长环境更容易形成偏执人格。而部分偏执者在不如意的环境中，"自主意识"会过度强化，形成孤傲、不达目的不罢休的个性。他们做事习惯靠自己，不对他人抱有期望，就如同他们并不期待父母能留在身边一样，这种习得性的认知将跟随他们很长时间，他们看重自己的能力，但过早地关上了信任这扇大门。

在社会上，偏执者的特立独行往往会遭到他人的孤立，人和人之间需要有序互动才能维持正常的社会功能，而孤立和被孤立都会严重影响人际关系的发展。偏执者对社会的适应能力是偏弱的，然而他们又不得不将自己投入到社会母体中，当个人的意愿和客观环境发生碰撞时，偏执者会变得更加孤立。这种孤立可以从两个方面去理解，一是语言上的孤立，二是观念上的孤立。

偏执者与他人交流的时候是生疏、缺乏技巧的，"因此无法对他人做出有意义的回应，也无法从他人那里得到有意义的回应"。

【案例九】有一个来访者这么描述她的丈夫：他就像一个没有感情的人，当我手指被刀划破时，他的表情更多的是惊讶和不理解，而不是关心和疼惜，我根本不指望他能帮我包扎伤口，但我更不想听到他对于我为何会被刀划破手指这件事分析个没完，最终归结到是因为我太急于求成，这不是我想听到的答案，而后再发生类似的事情，我自然不想再奢求他的关爱。

【案例十】无独有偶，另一名来访者这样描述她的男友：他总是将我给他的善意提醒以特别的方式转达回来。有一次我提醒他今天挺冷，多穿点衣服，他并不以为然，然而当他接了一通电话，是他的教授打来的，提醒他早点出门并多穿点衣服时，他回头告诫我说，教授说外头冷，看来我得多穿点衣服。可这明明是我先告诉他的，他偏偏拿别人的话还给我，我非常不理解。问题是这样的例子还有很多，让我觉得他根本不信任我，而是外面任何一个人说的话都能比我讲的真实可信，这是让我感到非常挫败的一件事，我和他的沟通是一个老大难的问题。

偏执者的思维建构确实是比较独特的，案例九中，来访者的丈夫是想提醒妻子以后做事情不要太着急，越是着急越是容易出现问题，找到发生问题的根本原因，就可以规避同样的问题。然而他忽略了妻子的需求，妻子想要得到的不是冷冰冰的理论，而是货真价实的关心和实际行动。案例十中，来访者的男友是评估了天气是否真的很冷的事实依据后给到女友的反馈，他听取了已经在室外的教授的意见而不是还没有出门的女友，用他刻板的思维来判断是否应该添衣，他忽略了这样的说话方式会让女友丧失存在感，也会引发关系的紧张。

语言上的孤立还体现在偏执者匮乏的沟通意愿上。偏执者不太乐意和他人交流，这也是自我保护的一种体现。很多时候，他们不乐意和他人特别是他们觉得不信任的人产生交流，哪怕是到了不得不交流的地步。

这在青春期的孩子身上表现得最为明显。

【案例十一】一个女生因为和同学闹矛盾而不愿上学，她的母亲非常着急，每天催促她上学，她的坚持使得她和母亲的关系变得日渐紧张，她意识到她将得不到母亲的理解和支持，因此无论母亲找任何话题她都选择不回应，把自己反锁在房间，唯有不得不回答的时候，她才从夹缝中递出一张纸条作为回应。其实这名女生害怕听到母亲跟她聊她不喜欢的话题，从而在这样的话题中，更加确定自己的无能和失败。而她的偏执也是由不安全感发展而来。单亲家庭环境成长起来的她，遭遇了同学的嘲讽和老师的不公平待遇，在一次次的无助之后，她只能选择回避作为反抗。而她不愿意将这些烦恼带给母亲，不上学的决定又让她产生了对母亲的内疚感，因此，她的语言孤立是来自矛盾的内心。

观念上的孤立体现在偏执者很少参与集体讨论，即使参与也是提出自己的观点，在同一个问题的讨论上，偏执者一旦意识到解决问题的关键，就会"将注意力集中在僵硬的意向性和方向上，在驱力衍生品和驱力依赖的过程的压力下，他的感知预期从内部变得僵硬，这助长了注意力选择性的倾向"。在这个过程中，他们不太能接受其他外在的交流，他们认为这种交流是对他们自主性和自尊的一种威胁，由此他们会更加支持内心的信念，努力保护、加强和扩大自己的认知系统。

安全感的缺失进一步深化了偏执者的认知构建，在被孤立这个问题上，偏执者一般都不会认为是他们的问题，而是外界的不理解和见识短浅。偏执者所坚持的观点往往容易和其他人产生对立，因为偏执者的敏锐和智商高于常人，能看到常人看不到的问题，考虑问题更深远，这也就是偏执者不屑与人为伍的原因。

然而我们在章节开头讲到了孟子的观点，在社会关系中，个人需要和集体融合共生，才能构成更大的文化体系，个体和集体的互动是相当重要的。"当易受影响的个体被剥夺了文化母体时，他满足他人期望的能力以及感到自己对他人的期望在某种意义上得到满足和加强的能力，往往会严重受损。"

学校有校园文化，企业有企业文化，偏执者面临的难题就是和文化相融、和集体相融。不安全感是他们骨子里深深的烙印，信任他人、拥抱他人让他们举步维艰。

无论是语言孤立还是文化孤立，"都会让个人的归属感失去平衡，导致自尊和个人价值受到打击。对于缺乏安全感和认同感的人来说，他们的价值观在很大程度上依赖于外界的支持，文化隔离可能会产生毁灭性的影响"。

偏执者不是不需要朋友，相反，他们比其他人更希望能遇到懂他们的知心人，只是能和他们产生思想共鸣的人并不多。他们在无数次的失望之后，放弃了主动追寻，当有人靠近的时候，他们往往保持一种警惕的姿态。这是一个恶性循环，会让那些想要进一步了解他们的人望而却步。

同样地，偏执者对恋人也是缺乏信任的，特别是在感情还没有稳固之前。首先是偏执者对恋人的人品需要经过不断地考量和试探。

【案例十二】我的一位好友就是这样的偏执者，他为了试探女友是不是一个水性杨花的女子，在某个游戏中用多个小号和她成了好友，这些小号有着不同的性格和身份，都表示了对女友的好感。结果让他很满意，他的女友并没有如他担心的那样脚踏多条船，而是对他一心一意，通过了他的人性测试。我曾跟他说，感情是经不住试探的，试想你对女友漠不关心，而小号又表现得非常殷勤，哪个女生能抵得住诱惑呢？他的回答是：如果是这样，也就不必浪费彼此的时间和感情了。他的标准似乎是停留在心理学意义上的"沉没成本"上，有人认为他对待感情太过理性和理想化，实际上他是害怕失去。这里需要区分一种情况就是"控制欲人格"。有一部描写控制欲人格的影片，讲述了一名控制型人格的男性，为了全方位监控女友，偷窥她的日记，侵入她的电脑，通过这样的途径私下结识女友的异性朋友，只要是他认为对两人感情造成威胁的，就会采取极端的行为去干预，由此一发不可收拾，最后惹出了人命，而他也因此变得越加麻木不仁，最后"以爱为名"将女友囚禁在了地下室的玻璃房中。而在他的意识中，这一切都是为了保护女友。当然，这是剧情效果，实则这样的人不仅仅是人格障碍，而是精神变态了，只是类似这样的案例在生活中也是存在的，例如本案例中提到的总是怀疑男友出轨的女生，是典型的缺乏安全感、丧失信任的表现。

事实上，偏执者在不安全感的驱动下，比其他人更渴望获得一份稳定的感情，为此他们愿意等待，用不断的试探来确定某个人是否值得他们付出。一旦确定下来，那么将是一辈子的事情，偏执者是不会随随便便挑选恋爱对象，或者出现"闪婚""闪离"的状况的，他们对待婚姻的态度是沉稳而坚定的，他们所缺乏的信任会在试探中得到缓解和治愈。因此，找到对的人才是他们恋爱的最佳归属。

## "焦虑"是自我防御的底层逻辑

偏执者在人际交往中往往是偏激和冷漠的，这和他们不容易信任他人有很大关系，而更为隐藏的底层逻辑是因为焦虑。焦虑让偏执者的注意力无法聚焦在如何与人友好沟通上，他们的言语直抒胸臆，不吐不快，以达到自己内心需求为主，以此缓解自己的焦虑，而焦虑的本质依然是因为自恋。

偏执者是自恋的，自恋可能来源于极度自卑，也可能发展成自大。而"自大"和"自恋"一个向外一个向内。自大的人往往喜欢彰显自己，因此在人前，他们不会羞于表现，与之相反，他们擅于通过言行引起他人关注，以达到被追捧的目的，满足"自恋"的本质需求，因此自大也是自恋的一种外在表现形式。他们会不自觉地自我吹捧，或者过度夸大、突出自己的成绩和功劳，容易造成周围人的心理不适，产生一种被剥夺感。

　　自恋的另一种表现形式是隐形自恋。表面看上去内敛的人，也同样具有自大的本质。他们不善于主动和他人交往，在不熟悉的人面前很少表达自己内心想法，因此他们给人的第一印象是内向、谦卑甚至是冷漠、难以接近。然而一旦熟悉了之后，你会发现，他们是十分健谈的，而谈话的内容主要围绕着他们的优秀事迹展开，他们或许能参与到你的话题中，听听你的烦恼，但最后还是会绕到自己身上，告诉你他们也曾遇到这样的事情，又是怎么解决的。其实他们是想给你一些建议或者是思路，只是在表达的时候，会让人有一种被贬低的感受。

　　无论是哪一种自恋，偏执者都需要得到外界的认可与赞美，哪怕是不值一提的小事。他们的内心期望高于其他人，就像个考了高分的孩子期待家长的表扬一般，偏执者就是这个要糖吃的小孩。

　　然而现实生活并不能处处如意，所谓"人外有人，天外有天"，或"人算不如天算"。偏执者害怕自己不够完美，不能达到自己的预期或别人的要求，加上固有的刻板思维，往往会和自己较劲，和别人较劲，因此在人际交往中，会让人感觉执拗、严苛、不通情理，实际上这是偏执者内心焦虑的表现。

　　焦虑和自恋是一对"难兄难弟"，焦虑阻碍偏执者自恋期望的实现，而自身优势无法得到发挥和认同，又会加深焦虑。

　　【案例十三】章先生是房地产开发公司的销售总监，每个月承担着高额的业绩指标，在地产行情日益萎靡的现下，再加上新冠疫情的影响，竞争压力可想而知。原本就被员工视为"霸道总裁"的他，对员工的要求更为苛刻，经常加班不说，连周末都不允许休息，更别说家里有事请假了。他的目标只有一个——把业绩提上去。其实很多地产公司都会面临同样的销售困境，这是整个大环境造成的。业绩不好看，并不是销售总监一个人的问题。然而章先生不是这样认为的，他觉得客户不上门是因为策划部的工作没有做到位，而房子滞销是因为销售员不够努力。因此，他四处敦促埋怨，得罪了不少策划部和销售部的同事。

实际上，与其说他担心销售业绩不好看，倒不如说他担心领导的脸色不好看。据他描述，最近领导很少在会上提到他，不像以往一样以他的团队为优秀示范，反而更关心外地的某个项目。他担心自己在领导心中的地位，回到销售部看到惨淡的业绩，更加烦闷焦虑。而焦虑未必易于感知，比如它会以自我防御的方式出现。

章先生最终患上了严重的偏头疼，然而到了医院却并没检查出器质性病变。此后，偏头疼成为他一项"容易复发的老毛病"，只要遇到集团业绩汇报或觉得有压力的时候，就会"发作"，直到大环境得以好转，业绩有了起色，他的病才"不治而愈"。

从心理学角度分析，章先生自然是焦虑的，然而同时，他似乎找到了可以让自己得到领导体谅的理由——偏头疼。实则偏头疼是章先生的防御方式。通过这种方式达到"我是因为身体抱恙，才顾不上业绩"的假象，也是他面对难以扭转的局面的一种心理安慰。

那么，什么是自我防御机制？

自我防御机制是弗洛伊德提出的理论。他总结人在遇到突发事件或者冲突时，会运用合理化、转移、投射、否认等心理策略来应对，以维护自身形象，挽回尊严，获得心理安慰。

自我防御机制是每个人都会启动的心理保护机制，安娜·弗洛伊德曾说过："每一个人，无论是正常人还是神经症患者的某种行为或言语都在不同程度上使用全部防御机制中的一个或几个特征性的组成成分。"而英国心理学家 B. R. 赫根汉认为自我防御机制有两大特点，一是潜意识的，二是篡改歪曲事实。

通常情况下，人在遇到挫折时，都会本能保护自己内心不受伤害，这时候我们会罗列对自己有利的证据，来说服他人，降低内疚感。这个过程往往会下意识地掩盖一部分自身的责任，在人与人交往过程中，我们都是可以接受的，哪怕知道对方是在为自己开脱，只要不是触犯法律或者不涉及原则性的问题，就不会咬住不放，也就是"得饶人处且饶人"。

然而偏执者由于过于敏感，启动防御机制的频率高于其他人，也就容易造成他人的错觉，认为这个人"不实诚""逃避责任"或是"不坦诚"。

【案例十四】小夏是一个典型的偏执者，他最大的特点就是患有"选择性遗忘症"，之所以要打上引号，是因为事实上他并没有真忘记，而是情急之下的一种本能反应。有一次他在收拾房间时，不小心将女友新买的口红扔进了垃圾桶，女友找了半天没找到，于是询问他，他立马否认是自己扔的。女友很纳闷，因为屋子里只有两个人，除了自己就是小夏，难不成口红会自己飞吗？还有一次，女友回忆起两年前刚和他认识的时候，他骑自行车带着女友，两人不小心跌入草坪，那时刚好是夏天，女友的膝盖被磕破了皮。女友在回忆的时候，面带笑容，甚至有些撒娇，可是令她没有想到的是，小夏的回答居然是："瞎说，我怎么可能让你摔跤？"类似的例子还有很多，似乎每天都有发生，无论是对女友还是对同事，可能对方并不想追究他的责任，他还是会神经紧张。

小夏的"遗忘"实则是自我防御中的"否认"，在否认的那一刹那，他觉得自己内心有一种解脱，似乎这件事只要被否认了就不是他造成的后果。每一次否认，他都是脱口而出，连思考或者回忆的时间都没有留给自己，可是事后他也会真的将事件的过程回想起来，但是已经晚了，再回去承认让他感到更加难以启齿。由此他的内心是焦灼的，但是这种焦灼感并不会停留太久，因为他认为他扼制了一场不愉快的发生，他意识到这场不愉快会让他自尊心遭到打击，在否认事实和遭受打击二者之间，他选择前者。

发生在偏执者身上的另一个惯用的方式是"投射"。与"否认"相比，投射对人际关系的伤害更大一些。所谓投射，指的是将自己的欲望、过错嫁接到他人身上，弗洛伊德认为投射是否认的结果——那些被投射出去的特征，被自我否认了。

比如某学生因为数学成绩越来越差，就责怪老师对他有偏见，以及课堂纪律太差，他根本就听不清老师在讲什么；比如在职场上有人习惯将过错归结于他人；比如恋爱中提出分手的一方往往会说出对方诸多不是。这些都属于自我防御中的投射。

弗洛伊德在解释偏执妄想的心理动力学时，相当重视投射——偏执者通过将痛苦或无法忍受的内心冲动投射到外部物体上来加以处理，即逃离外部痛苦的威胁比逃避内部痛苦的威胁更容易。

然而投射也分为对内和对外，对外是将糟糕的情绪投向外界，对内则是内心固有认知的一种折射，也称为内摄。

【案例十五】小艾是我曾经的一位来访者，她因为公司男同事对她怀有非分之想而烦恼。她对我描述男同事看她的眼神以及主动和她搭讪的情景，男同事总喜欢讲他如何懂得照顾关心他的女友，讲女友喜欢看的电影和喜欢穿的衣服，甚至还聊到了生理期的场景。小艾非常反感听到这些话题，认为这名男同事不仅对他女友不忠，而且也对自己进行了性暗示，这属于侵犯，却又无法反驳。然而让我感觉好奇的是，小艾讲到在其他公司也会遇到类似的男同事，他们都会给她一些承诺，还通过令人作呕的方式撩逗。

如果说偶尔遇见这样的人是可以理解的，但每到一个地方都会出现，不由让我开始好奇小艾的原生家庭。在一次咨询中，小艾终于回忆起了她童年时期一段不堪的过往：她亲眼目睹了父亲在一个幽暗的巷子里和邻居阿姨暧昧的举动，于是在她的潜意识中，男人都是这个样子的——不忠、喜欢拈花惹草。

实则她的男同事并不一定是在挑逗她，而只是将女友搬出来作为一种和女同事拉近关系的谈资，然而小艾根据内心的折射，将他们和自己父亲的形象联结起来，这就是内摄。

无论是投射还是内摄，都是对客观事实的曲解，体现在人际关系中，就是与他人背离。被投射的人是"背锅侠"，被内摄的人是"窦娥冤"。

不过内摄是可以通过客观事实改变的，比如小艾遇到的事件，如果她能获知男同事过来搭讪的真实意图，那么可能会推翻自己的判断。比如能和男同事表述自己的困惑，了解男同事为何总是在自己面前讲和女友的隐私。这时候可能会出现两种情况，一种是男同事确实有不良企图，那么小艾提出意见后会有所收敛或改变；另一种是男同事根本没有意识到给小艾带来的困扰，那他自然会澄清并表达歉意，甚至还会表态对女友的忠诚。那么，小艾的认知就会受到一定程度的干扰，内摄及妄想的心理动力也会相应改善。

从另一个角度来解读，小艾的内摄来自父亲和邻居阿姨之间超越界限的互动，她的内心在对父亲的行为表达愤怒之外，同时也将责任投射到了邻居阿姨身上，她认为作为女子应该和已婚男人保持距离，而不是上赶着献媚。她一方面对父亲感到失望，并且感到父亲背叛了母亲和自己，一方面又想为父亲开脱，将责任推给阿姨，减轻内心的痛苦。这种矛盾的心理往往让人感到痛苦和绝望，这也是内摄的重要来源，偏执者就在这种矛盾和痛苦中习得了防御，在相似情景下重演过往情景，通过控诉、指责的方式来排解以往未曾释放的压抑。

偏执者防御机制的底层逻辑是焦虑，而产生焦虑的心理动机是自恋，无论是采用哪种防御机制，最终获取的是自我认同和释放。因此投射机制也称为投射性认同机制。

小艾之所以如此抗拒男同事的靠近，是因为她不想成为"邻居阿姨"，这位"阿姨"的形象在她眼中是轻浮的，她在潜意识中认为父亲是受到了阿姨的魅惑，所以才会伤害自己和母亲，而自己和母亲的尊严是不容伤害的，这和自卑心理的"受虐"截然相反。因此小艾的人格中自恋成分是较为明显的，据她描述，很少有男人能真正得到她的赏识和追随，这或许是来源于"父亲事件"带给她的伤害，也来自她原本就自恋的灵魂。因此她会更加敏感男人在"有意靠近她""他们总是想勾搭我"，自恋的本性加上内摄的影响产生的焦虑投射到男同事身上，由此带来的表象是她老是遇到轻浮的人，客观事实是她不想做轻浮的人。

由此可见，当这些防御方式经常性地出现在偏执者身上时，对于需要和他们长期接触和交往的人来说，将会是一种挑战甚至是折磨。因为他们经常会被偏执者摆在"过错"的一方而受尽委屈，发生争辩是家常便饭。更让人崩溃的是，你会发现你永远争不过一名偏执者，因为他们太擅于抓细节，任何一点蛛丝马迹都会被放大甚至曲解，让你百口莫辩。

综上所述，无论是在生活中还是职场上，偏执者的神经永远像是绷在弦上的箭，因为自恋也好焦虑也罢，他们对防御机制的运用信手拈来，由此产生的人际关系问题值得关注。

那么，既然防御机制会带来那么多问题，我们该如何调整？作为一名偏执者又该如何"自我修行"呢？

心理学上将防御机制从普适性和生命阶段划分为成熟的和不成熟的防御机制。以上案例中所展现的都属于不成熟的防御机制，而成熟的防御机制是建立在双向获益的基础上，而不是只考虑个人得失或利益。

从防御机制的发生原理上来讲，每个人都会在必要的时候启动它，那么以上描述的方法（包括压抑、转移、否认、合理化等）的出现或交替出现都是不可避免的，我们没有必要因为在潜意识中启动了它而感到内疚和不安，而是需要在启动它的那一刻，依据客观事实，并且能够让自己看到客观事实。

当然，这一点对大部分人来说很难，而对于偏执者来说更难，因为大部分人只是为了让事件大事化小而已，而偏执者却是为尊严而战。

成熟的防御机制来源于良好的性格，而良好的性格来源于生活中方方面面的因素。偏执者之所以偏执，是受到了很多因素的干扰，从而看不清自己为什么会那么做。对于偏执者而言，他们同样甚至更加希望得到他人的认同，而自己的言行却在将他人推得更远。

虽然本书讲到的防御机制区分于神经症和精神分裂，在病理和程度上不能等同，但是我们依然应该意识到防御机制的本质是"非真实"现象，"心理防御机制似有自我欺骗的性质，即以掩盖或伪装我们真正的动机，或否认对我们可能引起焦虑的冲动、动作或记忆的存在而起作用"，我们并不需要全盘推翻防御机制，那是不科学的，也是非常危险的。这就好像推倒了守护边疆的万里长城一般，各种危机将会迅速攻下心理堡垒，人即瞬间崩溃。虽则防御机制的启动是无意识的，然而我们还是需要沉淀下来，思量自己的言行是否与客观相符，是否还有更好的解释或者处理方法。多一些这样的思考，将会有助于成熟的防御机制的形成。

## 当想象力跑偏的时候,心有多累?

"总有刁民想害朕"这句话对于偏执者来说应该是不陌生的,因为他们习惯带着这样的思维逻辑和人打交道,对于对方接近自己的意图保持高度警惕。

偏执者擅于从他人的语言、举止和眼神中领悟更多层次的含义,很多情况下这样的联想是正确的,这会让他们更加肯定自己的识人能力,并且喜欢毫不遮掩地在人前表现他们的优势。

比如我们经常听到他们这样说:"我看人很准的,你骗不了我。""我知道你想获取什么,你不用再演了。"

偏执者的这种能力的确让他们显得非常睿智,甚至有一种独特的魅力。如果身边有"霸道总裁",那么你会深有体会。他们的言语能直戳你要害,有时候连你自己都不知道自己的言行代表什么,却被他道破天机,这时候你会想——好像说得很有道理!可是过后你又会否定自己——我哪有他说得那么糟糕!

偏执者的防御堡垒不易摧毁,而他们却可以轻而易举地摧毁别人的堡垒。每个人的防御机制都需要维护自己的尊严,如果你和一个偏执者深交,往往会被看透,而偏执者做不到"看破不说破",以至于你在他们面前有些无地自容。

在很大程度上,人与人之间的相处需要隔着一层面纱,让彼此都保持一些神秘感,如果有人不经过你的同意揭开了这层面纱,你会感受到被侵犯,于是和这个人势不两立,认为这个人是有意针对你,是敌人不是朋友。然而也有人喜欢和偏执者深交,因为他们看到了真实,哪怕现实很残忍。这样的人是偏执者的伯乐,各项能力往往高于偏执者,以至于偏执者愿意和他们打交道,并在与自身观点不冲突的情况下,归顺于他们。

案例十三中讲到的章先生，在他还是一名房地产销售员的时候，就看不惯他人阿谀奉承、"谎报军情"的行为。有一次房展会，刚好赶上下雨，来展会的人明明不多，可销售部经理在饭桌上向董事长汇报工作时，却一通自夸，并且表示展会办得很成功。董事长转头询问章先生，听到的答复和销售部经理却是大相径庭，而董事长非但没有生气，还特别栽培章先生，让他后来一步步走上了总监岗位。但他也把原来的销售部经理等人都得罪了，开展工作也是困难重重。于是他也就养成了一种"一言堂"的管理风格，基于偏执性格，对于别人的提议都报以不可信、不采纳的态度。好在偏执者在工作上具有独特的预控能力，在把控事态方向上很少有出错的时候，由此也让那些心怀叵测的人望而却步。

然而就章先生个人而言，他每天活得很辛苦，不仅要面对竞争激烈的市场，还得处理每一个靠近他想要获取利益的人。他越是偏执，越是和他人格格不入，因此最后只能用业绩说话，因为他不认为"会做人"可以和能力、业绩挂钩。但这并不能解决他糟糕的人际关系，在这种恶性循环中，他很自然会将其他人和自己进行"精神隔离"。

偏执者原本在人际交往上就缺乏信任，因此在特殊环境下，偏执者更容易将他人当成假想敌。

章先生因为他的多疑和"想象力"，也失去了一位很好的工作伙伴。由于董事长得知他在团队中举步维艰，所以调任了其他项目的总监协助他管理团队，因为团队中的很多人是总监的老部下，对总监也是非常崇敬。总监到达后热忱主动地和章先生建立良好关系，并找每一位员工谈话，力求团队能有更强的朝气，并且劝解个别和章先生"作对"的员工归顺。

这原本是董事长的好意，但他低估了一个偏执者的联想力。自从总监抵达项目部后，章先生总是忧心忡忡，即使总监第一时间告知他，自己只是来协助帮忙一段时间，也无法阻止他胡思乱想：董事长对他不满意，而总监是过来取代他的。

按照常理讲，如果你是这位章先生，你也会心里别扭，董事长的做法似乎是质疑自己的管理能力。一个公司的重要岗位除非一开始就设置两人，中途插入确实会让人不舒服。或许你会找董事长聊这件事，又或许你索性和总监搞好关系，时刻提醒他是"客"，并感恩他的协助。然而偏执的章先生却是陷入精神内耗，他采取一种"不对抗""不认同""不作为"的方式，而这些方式都来自他的心理防御。

"不对抗。"他选择接受总监的到来，表面上是不想和董事长对抗挤走总监，实际上是他不想承认自己很在意这件事，他想表现自己豁达的一面，而内心却焦灼万分，不愿意承认自己"失败"，更不想让别人看出他"容不得他人"的心思。"无所谓，总监要来做领导就让给他好了，这个团队的业绩都是我带着做出来的，他就是来'截胡'的。"很明显，章先生看到的依然是他傲人的业绩，并不承认团队内部的问题，也看不到总监的价值。

"不认同。"总监提出的团队管理建议，章先生一律不认同、不接受整改。他能罗列更多有利的方面，认为这是目前最好的管理方案。他认为做不出业绩就是不可以有休假的，这个想法似乎和本书开头讲到的安迪·格鲁夫如出一辙。由此看来，偏执者的风格是雷同的。

"不作为。"在总监到来的这段时间，章先生一反常态，不像以往那样冲在销售第一线，帮助销售员促单，而只是了解客户情况，给出追踪建议。章先生一方面是因为总监曾跟他说的一句话"你得让销售员自己成长、自己成单"而负气，在章先生的意识里，没有他的协助，这些销售员根本把控不了能买得起豪宅的客户。另一方面，章先生因为总监的到来，原本就不开心，也就没有动力做业绩——凭什么他管理团队，我做业绩呢？到时候功劳是谁的呢？

因此，总监在职的短短一个月，业绩下滑颇为严重，加上章先生的不配合，总监就回到了原来的项目，协助工作以失败告终。而这符合章先生的逻辑，没有人比他更适合带领这个团队。

事实上，章先生是最忠于集团和董事长的人。他看到团队成员的不成器，通过严苛的管理方式让他们知难而退或者就此改变，辅助他们促单也是看到他们的年龄和生活阅历无法驾驭高端客户，而这种素养和气质并不是通过短时间的培训能获得的。

在这件事情上，应该说董事长、总监、章先生都没什么大的错误，董事长派遣总监负责管理团队，他认为章先生更适合负责促单；总监在管理过程中试图减少大家对章先生的敌意；章先生认为他的管理制度是最适合目前的团队的。

那么最后业绩下滑，总监无功而返又是谁的责任？

关键来说还是因为沟通不畅，而沟通不畅的原因是彼此不了解：董事长只看到了章先生的能力，而忽视了他的性格；章先生想得太多，将事情戏剧化，并且像是写剧本一样写好了结局，他写的结局是董事长想让总监取代他，因此他认为董事长已经不信任他，没必要再和他做无谓的沟通，在偏执者心中，他可以不信任他人，而他人应该给到他足够的信任；而整件事最无辜的是总监，他势必成为"背锅侠"，因为大家不要忘了，偏执者最擅长的就是找"背锅侠"，而业绩明显下滑，在董事长看来不正是总监上任的这段时间吗？对于项目而言，孰轻孰重自然见分晓。

这件事果不其然成了章先生心里的一根刺。董事长的这次调任，让他丧失了对董事长的敬仰，由于意难平，最后他选择了辞职，失去了这份人人羡慕的工作。

这就是偏执者精神内耗的结局，最终打垮自己的不是别人而是自己。如果事情到总监离开就结束，应该是最好的结局，然而偏执者会永远记得他不被信任的"污点",以致一直困在自己的想象中,甚至联想到董事长是怎么和总监谈话,怎么打算一步步取代他的位置。在他的联想中,不存在其他可能性,也就忽略了事实根据。最后选择离开在他的意识里是因为"他们不配",而实际上受损失的人是谁呢?

偏执者的想象力需要和偏执型人格障碍、偏执型精神障碍的妄想症进行区别。国际疾病分类第 10 版（ICD-10）将偏执型人格排除在偏执型精神障碍之外,而判定的标准为前者不具备妄想症状,但具备多疑、嫉妒、内向、敏感、自尊心强的个性特征,有妄想观念但没有达到妄想程度,不存在嫉妒妄想;而偏执者的个性特征为自恋、敏感、自尊心强、多疑、刻板固执、喜欢联想。

这里需要普及一下什么是妄想症。妄想型精神分裂症最为明显的特点是将正性事件归于自身,将负性事件归于外界,简单理解就是"我是没错的,错的都是他们",并且这样的观点伴随嫉妒,不容易转变,与事实相背离。

来访者钱力（化名）是一名偏执型妄想患者,他走在路上会觉得身后总有人跟踪他,并试图谋杀他;焦虑状态下会产生幻听,好像有人在耳边指责他、威胁他;如果他认为今天是星期五,那么哪怕你把日历端到他眼前,他也依然坚持自己的观点,对于他认定的事情不容更改,且不符合实际。

偏执型人格和偏执型精神分裂患者同样不可控,然而前者属于应激反应,会有自知,后者对自己的行为不自知。

自然,偏执者的想象力比常人更为丰富,但他们通常不具备神经症或者人格障碍特性,至少在程度上不符合。只是贴上"偏执"这个标签,那么说明这个人具有偏执症状的个性、风格。他们也会被称为有"被害妄想症",那是基于偏执者总不信任他人或者对他人的言行过于敏感。

为什么偏执者总习惯过度解读别人的话？当别人好意提醒或只是想逗他开心时，他的内心是害怕的——他们是在质疑我的能力吗？他们是在取笑我吗？

于是，"他们"成了那个恶意中伤的人，而迟到的解释显得苍白无力，且让偏执者难以接受。

【案例十六】高中生小迪因为被暗恋对象拒绝而称病休学半年，他也尝试过正常上学，可每次踏进教室看到那个女生，他立马想到自己是一个失败者，是一个不值得被喜欢的人。刚好在下楼梯的时候，他不小心崴伤了脚，原本稍微养几天就可以正常行走，而他偏用这个理由休学了半年。随着时间的推移，他的心情依然沉重，半年后再次踏入教室，同学无意间的一句玩笑话激怒了他，实际上同学只是在问候他，在他听来是在取笑他是个逃兵。

小迪的燃点不在于那个讲话的人是谁，是否有过过节，而是那个人将他比喻成"逃学威龙"中的主角，这个"逃"字戳中了他的心事。虽然他十分不愿意承认这个事实，但他在这件事上确实做了逃兵。偏执者的自恋让他无法接受被拒绝的事实，而在家中休养的这段时间，他每天都希望那个女生会来找他并且向他道歉。他的想象力越是丰富，失望也就越大，他猜测班里可能有很多人知道他被拒绝这桩糗事，他联想到自己在家修养这段时间，同学们是怎样在背后笑话他。想到这儿，他认为刚才那个男同学一定是知道些什么，甚至他怀疑女生真正喜欢的人是不是那名男同学。

于是小迪再次选择了休学，这次的理由是班里的学习氛围不好，同学看不起他，让他无法专心学习。小迪的父母也曾尝试给他转班或转校，结果都被他拒绝了，于是来做心理咨询。

通过咨询，我发现其实小迪不愿意去学校的真正原因并不完全是"失恋",或者说"失恋"只是压垮他的最后一根稻草。据他母亲讲述,他在初中时就已经出现频繁请假的现象,书读得断断续续的。小迪原先的成绩在班中排名中上,出现转折的是有一次数学老师因为小迪拒绝上他的课外补习班,报复性地在全班面前挖苦他"有钱不懂怎么花",一直在赞扬声中长大的小迪,由此得了心病:我是不被喜欢的。

这就是小迪心里的声音,于是他看到的都是不喜欢他的"事实",甚至不断尝试搜集证据来证明自己"不被喜欢"。

经过侧面了解,实际上那名男同学根本不知道小迪"失恋"这件事,只是出于好奇他长时间的休学而过来打个招呼,他也没有和那位女生有过感情上的关联。当我们将真实的情况转告给小迪时,小迪是愿意接受的,并且表示可以重新思考这个问题。心理工作者又联系到数学老师,让他向小迪澄清并为公开指责这件事道歉。小迪终于愿意重返学校,只是我们知道,小迪对那位数学老师是不会再有任何信任了。

由此可见,偏执者的爱幻想并不是没有事实根据的——偏执者的投射并非凭空而来。他对迫害者身上存在的敌意有准确的觉察和高度敏感,这些敌意也反映了他自己内心的冲动。因此,弗洛伊德认为,"妄想系统并不是经常没有它的现实因素",尽管这种"妄想"是扭曲的,但也来自真实内容。

然而问题又来了:为什么偏执者会比普通人更容易思维跑偏呢?至少很多小女生喜欢幻想,那是对爱情、心中白马王子的美丽想象;而偏执者的联想却更像是一场"阴谋论",以至于他们需要拿起十二分的戒备心理去应对,那将是一场心灵的浩劫。

心理学家卡梅伦曾经说过,偏执者的多疑起到了对认知架构的保护作用。偏执者根据以往生活经验确定下来某种观念。由于他们的思维是刻板的,因此以后的生活中,他们将不断论证这个观念是正确的，也就是我们通常理解下的"先入为主"的观点。偏执者相较于普通人而言，更加拥护之前所经历的事实依据，并且通过质疑来实现对他人的防备，洞悉他人的意图，以免再次让自己受到伤害。哪怕是细微末节的信息，在偏执者的大脑中，也可以连贯成和他固有观念相一致的证据，而这一切有可能是被误解和歪曲的。

因此可以得出这么一个结论：偏执者很难彻底相信一个人，他们会反刍别人的言行所代表的意义，并且将新的线索和记忆中的线索连接，形成一个证据链，以证明先入为主的观点。这些证据链和想象力都在为一个固有观念服务，那就是——"总有刁民想害朕"。

偏执者具备一套特别的认知系统。普通人的认知会随着事件的发展、新状态的形成而转移和改变，但偏执者的认知系统相对稳定，这就要求他们不断维护自己固有的认知，不让它崩塌。而能做到让历史和现实观点统一和完整的方式就是执着于扭曲的事实，作为说服大脑以及他人的工具。

偏执者的大脑就像一个加工厂，而他所搜集的证据就是养料，这些养料在加工的时候可能是被夸大、扭曲的，但它们符合偏执者的认知系统，于是就会以一种新的图式被解读，这种图式一旦形成就很难被改变，任何新的认知都无法输入这个系统。当他人提供一个新的数据时，偏执者是相当反感的，因为这将打破他们固若金汤的系统，可是他们又无法做到坐视不理，因此想象的证据链就在这样的境况下应运而生，并且符合系统的总体需求。

"真实的事件被扭曲和重新解释；非特定的、琐碎的事情被赋予重要的、相关的意义；相互矛盾的证据要么被拒绝，要么被忽视，要么被改造成符合该体系压倒一切的含义。这一解释和信仰体系的进一步结晶和固定导致了经典偏执的图景。"

【案例十七】女生王艺涵（化名）因为男友出轨问题过来咨询，心理工作者发现，她曾恋爱三回，每一次都是以"被出轨"而告终。当她提供几近完美的证据链时，她的脸上居然看不到忧伤，而是站在道德制高点上无情地批判。她推翻了男友对她的所有温情，不断揭露他们是如何一次次地被她发现了蛛丝马迹。心理工作者曾试图打破她的固有认知，发现完全行不通。在某种程度上，她更加希望男友出轨是铁铮铮的事实。然而在咨询过程中，她所认为的牢不可破的证据曾多次被工作者推翻，比如当问道："你说男友和女同事一起玩游戏，是你亲眼所见吗？"她的回答是——男友上线的时间和他女同事的上线时间吻合，因此推断一定是在一起玩游戏。很明显这不能完全证明她的推断是对的，只能说有这个可能性，但对于偏执者而言，这不需要论证，因为这符合她的认知系统，而她的认知系统是——男生迟早会离开她，男人是喜新厌旧的动物。

这个认知系统来源于她的第一次恋爱，由于她独特的个性，经常和男友发生争执，当她在男友微信朋友圈发现有陌生女人点赞时，她认定是男友变心了而提出分手。因此，为了维护自己的尊严，她将男友设定为过失方，而自己是受害方。她通过想象力将过往的很多"蛛丝马迹"和"喜新厌旧"联系在了一起，形成了一个不容置疑的图式，从而也形成了她看待其他男性的图式。当感情看似冷却下来时，她会以受害方的面孔出现，并指责对象"出轨"，然后主动提出分手，并且证明她的观点是正确的。

历史更替时期，保守派的认知系统也属于这种偏执典型。比如晚清保守派对外交政策的干涉和强硬态度，影响了新外交政策的推进。他们反对公使出国、在义和团运动中的排外举动，都是在原有信仰的基础上盲目排外，守护旧政策抵制新政策，在很大程度上对晚清政府产生了"拖后腿"的不良影响。然而保守派的认知系统是难以打破和改变的，任何新思潮对他们来讲都是无法吸纳的激进思想。当然，任何朝代都会出现保守派，大势所趋，新的观念必然会取代旧的，只有与时俱进才能共同发展。

然而偏执的系统如果支持的是正确的信仰，那么将会诞生时代的英雄和楷模。比如五四运动时期，鲁迅的文章和思潮受到了批评和否定，认为他的思想太过绝对，对于传统历史的全盘推翻是偏激的行为，将鲁迅指责为：破坏有余，建设不足，割裂传统，大伤元气。

然而这并没有吓退鲁迅，他在《三闲集·无声的中国》里说："中国人的性情是总喜欢调和、折中的。譬如你说，这屋子太暗，须在这里开一个窗，大家一定不允许的。但如果你主张拆掉屋顶，他们就会来调和，愿意开窗了。没有更激烈的主张，他们总连平和的改革也不敢行。"

这段话的理解是将半死不活的人性进行全新打磨才能重塑，是人性的新生。然而他的文字的确是压倒性的，也是偏执的，他与传统是决裂的，和胡适等人在态度上也截然不同。

由此可见，无论偏执者想象的方向正确与否，都会以夸大、过度解读、联想、同化等方式将偏执进行到底。在这个过程中，很难得到当事人的认同，他们的想法有时候会与真相截然相反，势必会引起当事人的不适与指责。而对于偏执者而言，反而能接受反对的声音，因为反对声符合他们"总有刁民想害朕"的逻辑，继而成为他们新的证据，以此获得更多人的拥护。

只是我们需要了解的是，偏执者的多疑和幻想，来自防御系统，是在无意识状态下启动的，是一种自我保护，不代表他们针对谁。

## "好斗",将谁拦在了门外?

很多人认为偏执者易激惹,一言不合就吵架甚至会采取暴力解决问题。其实这个想法太绝对了。每个人在面对应激事件时都会有两种截然不同的反应,一是"战",二是"逃"。

所谓"战",可以理解为防御机制中的投射。当我们遇到侵略或者威胁时,将恐惧和仇恨投射到外界进行抵御和对抗,这是可以理解的。尤其对于男性来讲,为了维护自尊心不受侵犯,他们擅于通过"战"来摧毁对手,比如原始部落的狩猎人群,在遇到猛兽时所激发的攻击性是典型的应激行为;在日常生活中,我们也经常会看到打架斗殴的现象,以男性居多。

从心理学角度来分析,这类现象属于集体潜意识,延续了远古时代男人是用来打仗、狩猎的认知。换成现代社会,就是"男主外女主内"的意识。无论时代和观念如何更迭,在职场上,成功女性的职业生涯往往比男性要艰难得多,能获取社会认同和支撑的条件也相对较少,而男性更能体现攻击力,是力量和雄性的象征。

人类的攻击性是一种共性,每个人都是带着这种能力来到这个世上。与之相呼应的另一种能力是性。因此,人天生具备攻击和性两种本能的力量,从精神分析角度来解释,它们来自俄狄浦斯情结。

什么是俄狄浦斯情结?

这个概念来自古希腊的一个传说,有一名叫俄狄浦斯的人在不知情的状况下弑父娶母,当后来知道真相以后,忍受不了自责和羞愧的折磨,自毁双目。后人将它比喻成恋母或恋父情结,并带有自毁征兆。

俄狄浦斯情结分为两个阶段——前俄和后俄。前俄阶段是在0—3岁,这个阶段的孩子需要获得足够的安全感,依赖于母亲的养育,如果一个孩子在 0—3 岁未能获得母爱，那么将会以"被遗弃"的身份自居；3 岁以后进入后俄狄浦斯阶段，后俄时期的孩子开始思索性以及性对象。这个时期变得非常敏感，孩童萌生对父母单方面的占有欲和情感，男孩会依恋母亲而排斥父亲，女孩会依恋父亲而排斥母亲。

俄狄浦斯情结贯穿人的一生，按照精神分析的说法，成年人将带着这种复杂的情绪处理家庭关系或人际关系。由于俄狄浦斯情结是有违人伦的，大部分人不愿意面对这种说法，特别是在中国，对于恋母和恋父情结是相对排斥的，认为是一种"乱伦"，有伤风化。然而在心理学界，很多来访者的心理问题或家庭问题都根源于它，哪怕当事者不愿意承认，也依然起到了决定性的作用。

比如我们经常提到的婆媳关系就根源于俄狄浦斯情结。前俄时期，儿子和母亲产生共生关系，在儿子眼中母亲是第一个接触的异性，同时他也是母亲除了丈夫之外肢体接触最频繁的男性，母子之间都产生一种占有欲，母亲将儿子视为自己身体的一部分，儿子对母亲有柔情和保护欲。这种关系原本在 3 岁之后是可以由父亲来打破，而形成一种健康的三角关系，以此来澄清母亲或儿子并非只属于彼此，父亲也是关系中重要的一员。然而在中国，很多父亲的角色是缺失的，或者说在家庭中是做不了主的。于是俄狄浦斯情结将伴随这个孩子一生。

当这个孩子成年后，他依然会发现对母亲的依恋超过一切关系，对于父亲或多或少存在排斥甚至精神虐杀，他会因为自己的这种可怕的想法而变得压抑。体现在人际关系中就是，他会将这种对父亲的排斥和攻击性投射到周围人身上，所谓同性相斥就是这么来的，也是雄性之间充满敌意和竞争的根源。

而结婚后，母亲容易将媳妇当成入侵者，本能地感觉到被侵犯，占有欲较强的母亲就会制造各种事端来证明儿子是爱自己多于媳妇的，而儿子在这种三角关系中，因为俄狄浦斯情结的作用，通常保持沉默或者索性站在母亲这边。

由此及彼，女孩会根据自己父亲的形象来寻找对象，并且在恋爱和婚姻中，不自觉地拿他和父亲做比较，同样会因为俄狄浦斯情结制造很多纠纷。

【案例十八】有一个女生，一年之内经历了两次闪婚和闪离，目前一直单身。据她本人描述，她十分厌恶自己的母亲，特别是在青春期时期，而对于父亲的依恋也让自己感到羞耻和害怕，于是在她找到男友之后，没经过家里同意就闪婚了。在脱离原生家庭的那一刻，她感到自己解脱了，然而很快她发现自己想错了。没过多久，她就看丈夫哪哪儿都不满意，简直无法容忍躺在一张床上，于是选择了离婚。当她回到父亲身边时，她才又一次找到了熟悉的安全感和被呵护的感觉。但这种感觉很快又被自己压抑的冲动所取代，潜意识里，她讨厌自己这么依赖父亲，于是又通过结婚的方式逃离，结果还是失败了。这个女生就是这样不断和自己拉扯，和"恋父情结"做着斗争。她也将自己的压抑投射到了两任前夫身上，对婚姻生活存在攻击性，以证明世上只有父亲才是最爱护自己的人；同时，她的两次闪婚和闪离，是对自身的不负责任，在某种程度上，存在自毁现象。

可以这么讲，人的一生很多时候在进行着"斗争"，有时候是肢体上的，有时候是名誉地位，有时候对外，有时候对自己。

还有一种是"逃"。

我们可以将它理解为防御机制中的转移。这和小动物遇到危险时的"假死"现象如出一辙。老鼠被猫咪摁在脚下时，由于恐惧会产生假死现象，类似于神经症中的肢体僵化。引申到实际案例中就是将责任转移或否定，以达到安全的目的。

偏执者很少会选择"逃",而是"战",在防御机制中,他们更擅长投射和否认。偏执者很多时候会处于"备战"状态,但这不代表他们具有攻击性。

偏执者和偏执综合征不能画等号,很多人因为自恋和低自尊也会攻击他人或采取破坏性很强的行为,这是出于自卫或报复。

而偏执综合征和偏执人格障碍是具备"攻击性"的主要载体,具有很高的危险性,往往伴随精神分裂症状。促发攻击和破坏的根源在于患者的妄想以及对自身安全隐患的过度焦虑,是在自身感受到被羞辱、被迫害时的一种反抗。对他们而言,攻击他人是缓解焦虑最直接的方式,只是人格障碍和偏执型精神分裂在认知水平和妄想程度上是存在很大区别的。

偏执人格障碍在极端脆弱、恐惧并且意识清醒的时候,也会采取毁灭性的报复行为。比如犯罪分子会因此剥夺他人生命或强制与他人发生性关系、恐怖分子会制造极端恶性事件等,他们在策划犯罪的过程中,存在真实的攻击意图;而精神分裂是妄想症造成的不自知行为,他们完全沉浸于妄想中,即使杀人或纵火也是无意识的,分不清现实和幻境。

值得关注的是,偏执型人格障碍比精神分裂更隐蔽。在无激发状态下,患者和正常人没什么两样。由于暴力现象不仅限于病态患者,因此这类人群很容易被忽视,而只当作是冲动行为或者是偶发性的"歇斯底里"。

有人列举了电视剧《不要和陌生人说话》的安嘉和,表面上看上去是个正人君子,实际上却是个家暴男。从偏执动力学分析,促发安嘉和暴力行为的因素是嫉妒,他将妻子和男性接触的事实无限放大,将精神上的痛苦、尊严和权利被剥夺的极端矛盾投射在妻子身上,以家暴的方式得以释放。从另一种角度讲,这是这个人物对自己的极度不自信。

我们无法考证安嘉和在幼年时期究竟经历了什么苦难，但是不难猜测，童年的创伤让他变得脆弱和神经质，从他两次婚姻实施家暴、杀害两人的行径不难看出，安嘉和符合偏执人格障碍和边缘人格障碍特征，他的行为很大程度上存在着报复性和毁灭性，以此来彰显自己丧失的"男子气概"。

"当暴力冲动指向特定客体时，暴力也是对依赖冲突的一种反应形式，是对男子气概减弱或身体虚弱的威胁的一种反应。这些男人最常攻击的客体是他们的妻子。"

生活中那些经常忍受指责、默不作声的人，更可能是一名潜在的偏执型人格障碍患者。当他们的忍受达到极限，就会完全"黑化"。在人际关系中，他们更多是被剥夺自我主张，以一种脆弱的、老好人的形象出现，而将暴力、攻击性隐藏起来，在不为人知的情况下实施，以舔舐内心创伤。

安嘉和的嫉妒和占有欲，进一步体现了他自尊自爱的缺失，最后饮弹自尽则是无意识内疚感的体现。

由此可见，偏执者作为正常人群中的一员，建构特征是和病态人格不一样的。首先，他们是自恋的，正是因为自恋，他们将自尊心看得很重；他们也会联想丰富，但是不至于产生嫉妒妄想；他们或许也会嫉妒，但是他们很快会认为自己比别人更强。

"哈夫纳和伊泽德使用洛尔量表对偏执型自我评定的研究发现，与非偏执型精神分裂症患者相比，偏执者倾向于高估自己。"

高估的自我评估以及自我防御，造成其无法与他人共情获得良好的人际关系，"梅研究了偏执型和非偏执型精神分裂症患者和正常对照组的 TAT 反应。男性对权力问题高度焦虑和防御"。

而这句话在当下可以这么理解，无论是男性还是女性，对于权力的焦虑会诱导偏执情绪的产生。

在普通人群中，偏执者作为非人格分裂和偏执综合征来考量，他们的"攻击性"更多可以解释为"好斗"。这和在社会中他们所追求的权力有关，这种好斗根源于集体潜意识，也根源于俄狄浦斯情结的投射。

被投射的目标除了个人，也可能是群体。

【案例十九】某集团新调任的领导，发现团队中某一位下属似乎对他颇有微词，甚至公然在开会的时候向他挑衅，这让他如临大敌。更让他不安的是，他发现这位下属在团队中颇有人缘，于是将他们视为"小团体"。团队中出现"小团体"是很正常的一件事，当新领导空降也会因为成员的归顺问题进行重新洗牌，从而让团队更有凝聚力和向心力。一般情况下，出于情感方面的因素，新领导会留用大部分老员工，然而偏执者在面对这个问题时考量的因素较为单一，他们看业绩说话，偏执的领导更看重业绩而非人情，他们以结果为导向。还记得安迪·格鲁夫吗？只要看到团队成员在努力攀登，那么就是好员工。

他在空降之后，发现团队懒散，于是就将他们记在"小本本"上。果然，到任首月的业绩不理想，他将目标人群的种种劣迹列举给老板，并提出引进新员工，解聘"小团体"。对于他来说，是不会浪费精力去瓦解"小团体"的，一锅端是最好的结局，除非他们主动解体，并能在业绩上有所收获。

实际上他提出的问题老板是心知肚明的，只是碍于情面隐忍不说，因为这些人大部分是公司开朝元老的嫡系亲属，而这些元老已经成了公司的高层甚至股东。有经验的人都知道，这是烫手的山芋碰不得，然而偏执者却是例外。他们的认知是直线型的，认死理。当老板向他提到这层关系时，他们会以业绩下滑作为"威胁"，甚至会让老板二选一。在有能力的人和"闲鱼"之间，老板都会选择前者，于是就会损害某一群体的利益。由此可见，偏执者的不通情理是有理有据，也是不可逆转的。有句话叫作"人间正道是沧桑"，维护道义的偏执者想要做成某件事往往是踩着雷过去的，这无疑会不小心崩到自己，将人际关系搞得"血肉模糊"。

如果你的领导是一位只看重业绩而疏于人情的人，那么你千万记得要努力工作，拿出漂亮的成绩来，不要寄望于"溜须拍马"。因为越是偏执的领导越会看轻你，他们不擅长笼络人心，只会把你当成"投射"的目标，当他们的地位受到威胁时，你将会成为第一个被"投"出去的人。

反过来讲，对于公司而言，遇到偏执的领导层是一件比较头疼的事情。"一言堂"和"一刀切"时常出现在他们的管理方针上，他们喜欢大刀阔斧，员工流失情况严重，也会造成人事部门的招聘压力。在很大层面上，偏执的领导层和人事部门之间多多少少会有难以沟通的时刻，容易影响部门间的和谐。

然而从另一个层面讲，偏执者往往是战场上冲锋陷阵的人，无论是搞研发、当医生还是做营销，他们都是一把好手。

偏执者更容易获得成功的要素之一就是他们拥有"好斗"的驱动力。

偏执者容忍不了别人的"否定"。因此他们喜欢和成功人士接近，并不是想要虚心请教，而是在考察这位"高人"到底有多优秀，是否值得学习或交往。我们不要忘了，偏执者是"自大"的，想要获得偏执者的认同，除非你实至名归。反过来讲，假设有人获得了某些成就，偏执者也会不甘示弱。

这在生活中是很常见的。打比方说某人提到打篮球，他们立马会说，"哎，很多年前我也是篮球队的"；若是说到写小说，他们会说，"我中学的时候作文是得过奖的"。

总之，你会发现，无论周围的人说什么，他们都能无缝衔接，似乎他们什么都会。这种情况下，一般会有人表示质疑，但我在这里想说的是，这些话的可信度还是蛮高的。

偏执者的本性是自我保护意识很强，大部分的人内心是纯净的。为什么这么说呢？因为偏执者喜欢追求单一的结果，也就是俗话说的"一根筋"。他们内心憧憬美好与和平，厌恶阳奉阴违，因此他们喜欢讲实话。他们涉猎广泛，在没有确立最终发展方向和目标时，喜欢尝试各种新鲜事物，因为他们认为做任何事情都是可以胜任的，但事实上，他们会四处碰壁。

偏执者的行事风格有两个极端，一种是"玩命死磕"，一种是"决然放弃"。关于"死磕"我们已经有所了解了，就是在某些事情上不达目的不罢休，无论是对自己也好，对他人也好，是不轻易言败的。大多数偏执者在霍兰德职业生涯测试中更偏向于"研究型"人格，研究型人格的特点是热衷于挖掘事物本质的发展规律，喜欢孜孜不倦地探索，直到有所成果。科学家和搞研究工作的人都是属于这类人格，同时，他们绝大部分是偏执者。

这里讲的"放弃"，是因为他们不喜欢"无的放矢"。一开始，他们会积极尝试，如果遇到能力不可及的事，秉性中的敏锐会及时提醒他：这不太适合你！他们就会给自己一个体面的台阶下，而且绝不回头。

【案例二十】比如我的一个来访者，她16岁，有一天她突然对绘画产生兴趣，她的家人立马给她报了绘画兴趣班。进班学习后，她发现自己和同龄人的差距不是一点点，没上两天课，她就放弃了，转学小提琴，遇到了同样的问题再转学钢琴，结果可想而知。她来咨询是家里人带过来的，诉求是"做事没有韧性"。

我问她为什么不坚持学下去呢？她冷静地回答："因为人家是从小就开始学的，我已经16岁了，就算我是个天才，也弥补不了10年的苦练。"于是我对她家人讲："你家孩子需要找到一件她能驾驭且感兴趣的事情，我们一起耐心等待。"

两年后，这个女孩的母亲告诉我，她报名了击剑，每天早上早起半小时进行体能训练，对于正式的训练更是兢兢业业，哪怕身上多了很多伤，手腕关节也落下了病根，家人劝她放弃击剑，可是她却一直坚持，终于在市级击剑赛上拿了第二名。更让我感到意外的是，如今的她已经被国家队选中，成为一名职业的击剑选手。

这个案例愈加让我相信，偏执者的"好斗"不是漫无目的的。他们可能会试错，然后再集中火力，洞察力和敏锐度决定了他们不会在徒劳的事件上浪费精力。因此，我们对偏执者的"放弃"，需要用一种发展的眼光去看待。

## 不同年龄段的偏执者，社交诉求是不一样的

偏执者往往比内向的人更加难以融入集体。他们对周边环境的知觉能力和大多数人是不一样的，觉察和感知往往更加敏锐，对于环境的细微变化或他人的言行，保持着高度警惕。

偏执者的认知图式就像是一张思维导图，所有的分列项都为一个主题服务，因此在某种程度上，认知相对刻板。之前讲过，偏执者习惯收集证据来证明自己的设想是正确的，就像是一个雷达扫描器。他们通过身边人的言行做出精准判断，为了达到这份精准，他们或许会收集更多的证据来证明这一点，一旦得到答案，那么这个人在偏执者心里就被贴上了标签，以后想要改变他的想法，基本上是不可能的了。

而偏执这个词实际上并非专属于成年人。

【案例二十一】当3岁的小佳（化名）第一次被父亲安置在电动车后座时，她非常抗拒——认为电动车是一个很危险的物体，会造成人身伤害。而在这之前，她并没有经历过车祸，也没看过类似的新闻，在她年仅3岁的认知里，能有这样的智商和忧患意识，让家人感到欣慰。

然而很快，他们又觉得哪里不对，上了幼儿园的小佳说话总是带着质疑，行为举止似乎也和别的小伙伴不太一样。比如有一次，爷爷在接小佳放学时，看到一名同学捡起了地上的垃圾扔进了垃圾桶，禁不住夸奖了几句，小佳就拉下脸质问爷爷："爷爷，你是在怪我没那个同学讲卫生吗？"回到家后，爷爷对家人表示自己并没有这层意思。更多的事例让家人愈加笃定，小佳好像真的和别的小孩不同。比如她在幼儿园时，总喜欢一个人坐在位子上，对于同学的邀请她总是习惯性地拒绝。久而久之，她身边的好友越来越少，这样的场景一直伴随着她进入小学。

而另一个现象是，只要是她看中的东西，她总会想方设法地得到。比如她看中一个娃娃，在她第一次提出要求时，她的父亲没答应，于是她会在每一天放学回家的路上，要求父亲带她去看一眼这个娃娃，直到父亲心软为她买单。

【案例二十二】另一位带有偏执元素的小孩叫小欢（化名），他和小佳的不同之处在于他是个"社交达人"，但是他只和听他话的人在一起玩，将不听从他安排的人作为对立面，哪怕身边人求情，也不会让他改变想法，有时候甚至会将这位劝说的人拉入"黑名单"。

他喜欢表现自己，上课时总是异常积极地举手发言，如果老师没有叫他的名字，他会将小手举到老师眼皮子底下，如果依然没有喊他名字，那么他有可能再也不会在这位老师面前主动举手发言，并且认为老师不喜欢他、小看他，认为他回答不了问题，由此导致厌恶这门课程，在课堂上做其他事情。

这两名孩子，随着年龄的增长，偏执的个性更加明显。小佳在初中时人际关系陷入危机，好在因为成绩优异，老师对她特别关注，经常在全班同学面前夸奖她，才不至于被孤立；而小欢成为喜欢事事争第一的孩子，他的社交呈现出"一言堂"模式，说话雷厉风行，成了一众孩子中具有影响力的人物，最大的缺点是无法接受失败。

那么，我们来分析一下这两个孩子为何会在这么小的年龄就呈现出偏执的雏形。

小佳和小欢的偏执一个是因为自恋障碍，一个是因为自大，终究还是和偏执的底层逻辑焦虑分不开。

自恋障碍的含义是，当一个人实现不了内心追求的满足感时，就会产生心理障碍，比如"不配得""习得性无助"等；自大则是由自恋发展起来的，是自恋过满、脱离事实的自我肯定。而"不配得"或"自我标榜"的后果就是引发焦虑，焦虑体现在他们的行为举止上。

据心理工作者了解，小佳出生后，母亲就离家出走了。小佳喝着奶粉长大，睡在阴暗的小屋内，父亲外出打工不能照顾她，在她半夜啼哭时，年迈的爷爷很难做到第一时间过来满足她的需求。被遗弃的感受充斥了她整个婴幼时期，缺乏安全感的她，看谁都是对她有敌意的，哪怕是一句无心的话，她也会觉得是在针对她，而她总想得到想要的东西，也是从另一个维度体现了她缺爱的真相。她想通过父亲应允她的要求来证明自己是被爱的，并且会以不同方式来证明这一点。比如在她幼儿园大班的时候，偶尔还会出现尿床现象，也是缺乏安全感的投射反应，在老师通知家人拿换洗衣物来的那一刻，她会有一种被关注的感觉，特别是爷爷或者是父亲出现在教室门口时，她认为她是被家人重视的，也可以理解为寻找存在感，而这种不断证明自己被需要的方式将一直隐藏在她潜意识里，通过一种拒绝他人靠近的方式来呈现。

然而这不是真正的她，她的戒备心和抗拒只是因为她不想受到伤害。她在认为自己"不配得"的同时，又会特别珍惜友谊。当某个人带着真诚，卸下她身上带刺的伪装时，她会将这个人视为知己，并给予他们最真挚的友谊。因此，安全感是小佳的社交诉求点。如果在幼童时期，养育者能早些意识到，多给予小佳关心、爱护和陪伴，那么能在很大程度上缓解她的这份忧患心理。

再来看小欢。小欢的家庭环境较为优渥，父亲经营生意，母亲在家照顾他的起居，养成了他"小霸王"的脾性，由此他想要引起身边人的关注，让他们围着自己转是一种习得性思维。因为在家里是这样的养育方式，那么他认为在家庭以外同样可以得到相同的待遇。

小欢偏执的诉求点是获取赞美和认同。父母在养育过程中的不恰当的赞扬导致他养成了要强不服输的个性，父母对他的一味顺从让他承受不了逆境，哪怕是别人的反对意见也会让他火冒三丈，认为是对他权力和威严的挑战。如果小欢按照这个模式发展下去，长大后就是"霸道总裁"，虽然可能会在事业上有所成就，但是在人际关系上很难有收获。

因此小欢的问题应该从逆境训练开始。一个孩子的成长，如果一直处于顺境是不对的，这就是大家讲的"温室里的花朵"经不起风吹雨打。家人需要懂得适当拒绝孩子的某些不合理的要求，让他知道这个世上不是想要什么就可以得到什么的，让他看到不如人意的一面，那么他偏执的想法会有所收敛。

相反，如果家长冷落孩子或一味惯着孩子，在他们长大以后，对于友情和爱情都会产生过度依赖的现象，特别是到了青春期，偏执者的个性成长轨迹会在青春期的时候进入第二次成长或转折。如果说我们没有重视他们的幼年期，那么青春期的偏执更加难以改良。

从发展心理学的角度解释，性格形成的高峰期在两个阶段，一个是 3 岁的时候，另一个是青春期。如果幼年时期没有养成一个良好的个性，那么在青春期是有机会进行改善的，过了这个关键期，一切都会尘埃落定，再想改变就困难重重。

然而由于青春期的孩子原本就比较敏感、多疑、情绪化，很多家长会忽略或者将它和偏执特征混淆，以至于错过了重要时期的引导。

青春期的孩子将进入一段内心自相矛盾的阶段，渴望独立但是还需要依赖父母，渴望人际交往，但却无法敞开心扉。

很多家长表示这个阶段的孩子是最难沟通的，简直就像一个"小恶魔"。有些孩子出现早恋、逃学、离家出走等行为。这些行为的出现是因为青春期骚动还是因为偏执呢？

我们可以从几个方面进行考量：

- 我觉得同学们歧视我，并经常在背后议论我
- 很多时候我会卷入别人的阴谋中，被他人算计，我必须打起十二分精神
- 我嫉妒那个接近我好友的人，哪怕只是在一起聊天
- 那场考试没有考好是因为复习环境太差，老师也没有给我充足的复习资料
- 我无法接受他人的道歉
- 我只相信自己，别人提供的信息我不会考虑
- 我认为一切荣誉我都有能力获得

符合三项以上的人，应该引起重视。

如果说幼年时期的偏执是为了获得安全感，那么青春期的偏执

更多倾向于获得认同。在区分偏执型人格程度后，具有偏执风格的人，比其他人更在乎友情或爱情的忠诚度，只是他们不会像偏执型人格患者一般产生极端的思想或行为。

青春期追求友谊或爱情，都是一种获取外界认同的途径，偏执者也希望获得友谊和爱情，只是他们对忠诚度的要求相对较高。按照常理来讲，友情是可以共享的，你的朋友就是我的朋友，我的朋友也是你的朋友，如此这般，交际圈就越来越大。但是偏执者的认知里更希望自己是最被重视的，因此当好友身边有其他人在的时候，偏执者会感受到自己遭遇了冷落，产生不良情绪，还有更加自恋的偏执者会因为遇到比自己更强的"对手"而萌生嫉妒。

同样的道理，这个年龄段的偏执者对爱情的忠诚度比友谊要求更高，他们对于感情是绝对理想化的，渴望拥有完美的伴侣。他们喜欢在感情中获得掌控权，当恋人长时间没有和他们联系时，他们的脑海中会像写剧本一样预测很多可能发生的悲伤结局，这些结局都是他们幻想出来的，脱离事实依据，然后强烈的自尊又不让他们主动联系对方，因此很多偏执者容易陷入无止境的胡思乱想中，猜想恋人可能抛弃了他/她或者发生了什么不好的事情，而一旦对方回复了消息，他们就会回到自己的高姿态中，获得自恋满足。

青春期偏执需要特别注意情绪不稳定。原本在这个阶段多巴胺分泌旺盛容易引发情绪问题，而偏执者更甚，在程度上也会略高于其他人。

对于青春期的偏执，我们应该采取循循善诱的方式来调整他们的认知，如果有必要可以采用行为疗法纠正不良习惯。

与青春期偏执同样难以辨析的是更年期偏执。

我们发现，在很多进入更年期的来访者中，持有偏执思维的人占据多数，有时候他们能意识到自己性情大变，有时候又觉得受到了外界的诱因才会这样，他们的偏执来源于身体的变化和对青春逝去的恐惧。

更年期阶段，我们会遇到自主神经系统紊乱所引发的一系列躯体不适，容易造成当事人（尤其是女性）焦虑、抑郁等不良情绪产生，很多人并没有意识到这是一段必经之路。当躯体出现不适，例如心慌心悸、潮热畏冷、情绪波动，他们的内心十分抗拒，一是因为潜意识中是不服老的，二是恐惧心理在作祟。于是他们会将这种情绪进行转移，原本将注意力转移是一个不错的办法，然而偏执者的转移会出现和现实不一致的状态，这是需要重视的。

【案例二十三】45岁的黄女士一直是别人眼中的美女，不仅在她身上看不出什么岁月的痕迹，她自己也十分懂得保养和健身。最近，单身的她发现有一位男邻居总喜欢找机会和她邂逅，遇见时也是态度暧昧，嘘寒问暖。不仅如此，她好久没有联系的初恋也给她发来微信，似乎有一种想要和她重续前缘的意思，更让她为难的是，有一位比她小二十几岁的男同事经常借着工作的机会靠近她，而她似乎也喜欢上了这名男生，虽然两人并没有确定恋爱关系，但她深信男生是喜欢她的。

黄女士一度很自信，直到她看到男生和女友在公司楼下会面时，醋意大发，感觉自己被欺骗了感情，又因为男生并没有对她表白而忍气吞声。渐渐地，黄女士进入了焦虑状态，对男生的思念加上连续的失眠，让她日渐憔悴，似乎一下子衰老了很多。

沟通后发现，黄女士的认知中出现了和事实不符的依据，过度夸大了男性对她的意图。经过适当引导，黄女士坦言，其实那位邻居确实已经很多日子没有碰到过了，初恋也只是在同学会之前和她联系比较多一些，而她喜欢的男生是她招聘过来的实习生，经常出入她的办公室请教工作似乎也是在合理范畴之内，男生并没有提出出格的要求或者表现出对她日常生活特别的关心，而他女友的出现是一种必然的结果。

诊断发现，黄女士具备完好的自知力，甚至可以自行分析和判断，只是对男生她依然抱有一定程度上的偏执幻想。

更年期偏执，究其原因是一场和自己的较量，有的人接受不了容颜的改变，有的人接受不了疾病的到来，有的人接受不了和社会的脱离或者是家庭的变故。由于年龄的关系，他们意识到不能像年轻时候一样，对困境发起挑战，因此进入自我封闭或转移的状态，或者通过投射来安慰自己。

这期间会出现一系列偏执征兆，比如敏感多疑、喜欢幻想、脾气暴躁等。不难发现，一部分步入中年或更年期的偏执者是不容侵犯的，比如公司里的领导层，他们需要获得年轻人的崇拜和老板的肯定，这种需求更高于年轻人，他们往往忠于公司，但也容易做出和老板叫板的事。

这个年龄的偏执者对于爱情或是异性的追求存在特殊的需求，实则是脱离现实的一种自恋状态。他们往往以自我为中心，对于取悦他们的人更加容易青睐。如果这时候家庭关系不和谐，夫妻间存在背离与隔阂，偏执者比其他人更不擅长处理这种复杂的关系，容易将这种压力转移到其他追求者身上。因此，这个年龄也是离婚率较为高发的阶段，而大部分偏执者不太能接受婚外恋，在他们的认知中，感情是需要忠诚的，唯有在他们认为爱人做出触犯底线的事时，他们才会选择义无反顾地离开，并且默默舔舐伤口。

可见，偏执是贯穿一生的，也可能会因为某个年龄段或者是突发事件的诱发而表现出来。幼年时期的偏执对于性格养成有着决定性的作用，这种状态到了青春期，可以通过摆事实、引导认知思维、行为改善来进行修正，反之，偏执思维会在这个阶段进一步获得认同，并将它带入社会与生活中。而更年期的偏执更像是一场突变，它的根基依然源于潜藏于体内的偏执因子，有的人在更年期变得固执、性情难以捉摸并不是毫无缘由的，而是因为某些事促发了他们的偏执基因，在这个阶段爆发出来而已。

无论是哪一个阶段的偏执，他们都具备完整的自知力，并不会对他人造成毁灭性伤害。他们可能会比其他人更加患得患失一些，很要强，自尊心不容侵犯。虽然口中不承认，但事实上，他们更希望获得他人的拥护和支持。

幼年期的偏执往往来自教养环境，因此当我们因为工作奔波的时候，需要给家中的幼子更多的关注和陪伴，注意是陪伴而不是溺爱；青春期的孩子，一旦出现情绪上的过度反应，我们需要通过这些情绪找到深层次的原因，是和家人沟通的问题、是外界的诱因还是无法解决的内心冲突，及时给予孩子支持，帮他们平缓度过青春期，必要时可以通过专业的心理咨询解决；更年期的偏执来源于年龄更迭带来的威胁，也就是自恋丧失。面对身体和容颜衰老的不甘心，偏执者会比其他人更加难以接受。然而也会有偏执者找到合适的转移目标，化解这份焦虑，比如发展新的兴趣爱好或者成为一名社会志愿者。

偏执思维是可以逆转的，表示它的存在并不是一种威胁，说明当它朝着不利于身心的方向发展时，我们应该及时采取行动，将它的优势物尽其用。毕竟，偏执者的智力和能力是不可小觑的。

# 第 3 章

# 是谁造就了偏执性格？

## 遗传基因，是性格的基调

既然偏执是性格里的一种基调，那么它是骨子里带来的还是环境造就的呢？回答是二者皆有。

和性格不同的是，偏执相对神秘，有的人在很小的时候就能体现出来，比如案例二十一中讲到的小佳，3岁就拒绝坐父亲的电动车，对于陌生人和陌生环境特别谨慎。实际上，在她16岁家人带她看心理医生时，她的智力测试结果达到了较高水准，医生发现她看待问题、分析问题总会有独到的见解，透彻且立场鲜明。她喜欢看东野圭吾的悬疑小说，经常看到一半就能判断出凶手是谁，这是她鲜为人知的爱好和天赋。只是她的家人并没有给她太多的关注和信任，当她的人际关系出现危机时，家人认为是她个性怪癖的缘故，以至于偏执者天生带有的性格优势没有得到良好的发挥，甚至被误解为人格障碍。如果不加以调整或改变，让小佳往自己的兴趣爱好上精钻，那么小佳将永远处于"性格缺陷"的尴尬境地。

然而小佳的父亲之所以会对她的"病情"感到紧张，是因为她的性格和她离家出走的母亲如出一辙，小佳的染色体中携带偏执基因，加上生长环境的驱动，偏执基因被诱发的可能性较大。可见，偏执者家族中必然存在同样偏执的亲人。

再比如天才钢琴家余峻承，还没认字就会识谱，每天自发专注练琴超过5个小时，长大后成为戴维森学院年龄最小的奖学金获得者，这些都是生来就有的天赋。同样的，如果没有母亲的发掘和塑造，余峻承也只能算是个偏执于弹琴的普通儿童而已。

余峻承的妈妈能敏锐地发掘到儿子的天赋，为了支持他每天早起练琴，照顾他的起居，她每天早起两个小时，并坚持了十几年。可见，从这位母亲身上，偏执者持之以恒的特性是显而易见的。

然而，也有的人情况相反。他们喜欢交朋友，热忱待人，却因为某些恶性事件封闭自己，引发了偏执情愫。

令人惋惜的是，后者的偏执和天才偏执在性质上有所不同。天才偏执者往往会因性格优势取得个人成就，比如案例中的小佳智商高，学习成绩一直名列前茅，后来考上了 985 大学；余峻承更是音乐神童，在学习上也显露出高于同龄人的水平；而后者的偏执更容易陷入偏执综合征，如果没有得到及时引导，可能会形成人格障碍。

为什么会如此？

从偏执人格障碍来分析，它呈现的是一种病态发展，面临着遗传基因和环境的双重考验，也就是如果三代之内有偏执人格障碍甚至是偏执型精神分裂症，那么它被触发的可能性会增高。在医学研究发达的今天，大量的生理学和病理学研究证明，患者之所以发病和多巴胺系统紊乱有关系，属于多基因遗传病。但它不是生下来就会独立发病，而是和环境息息相关。

多巴胺是人体的一种内源性神经递质，目前在医学界已经将它分离出 5 种类型（DRD1-DRD5），偏执型精神疾病和 DRD1 有密切关联，DRD1 对于大脑认知水平起到了关键性的作用。当它的表达量远远低于正常值时，会出现认知障碍，也就是我们之前讲到的无法接受现实依据，只会认定自己觉得对的，且与事实相背离的"事实"。

DRD1 和多种精神疾病关系密切，偏执型精神疾病的发展相对缓慢，治疗效果也好于其他精神类疾病。

【案例二十四】一名17岁的来访者在家人的陪同下寻求心理帮助。他和家人的关系已经到了水火不容的地步，争吵剧烈的情况下，甚至会采取跳楼威胁这样的极端方式。他在进入高中后，学习成绩直线下降，据他描述，是因为父母经常吵架。经过后期家庭治疗发现，他性格中易激惹、容易与他人为敌以及有家暴倾向等特征在他的家族中并不是首例，他的爷爷和父亲都是家暴实施者。由此可见，他有这样的性格障碍除了基因影响外，家庭环境的耳濡目染也是一种诱因。

偏执者的基因和偏执精神障碍的基因遗传不能等同。从基因分量以及产生的效果分析，偏执者具有高于常人的专注力，而后者存在注意力障碍；偏执者的智力水平、认知水平高于常人，而后者存在认知障碍、智力水平减弱等症状。

比如很多朝代的皇帝，他们多疑固执、有勇有谋，具有超强的军事谋略和抗压能力。他们擅于收服人心，懂得人心归向的道理，在朝堂上凭借敏锐的洞察力掌控群臣。这些都是他们高智商、高情商的表现，这些历史上的伟人普遍属于偏执者。

而偏执综合征或偏执人格障碍在一定程度上是缺乏社会认同感的。他们故步自封，将自己和外界隔离，他们的多疑建立在没有事实依据的状况下，想要达到的目的多数是脱离客观事实的，并不属于"理想""志向"行列。

【案例二十五】患者小林（化名），他的"志向"就是追求心中的"女神"，为此每天在她家楼下等她，给她送早点，傍晚再去她公司接她下班。他认为"女神"对自己是有感觉的，自己已经是她的男友了。然而这样的"美好爱情"只维持了两个多月，"女神"就报案告他骚扰。实际上，"女神"从来没有答应做他女友，一开始出于礼貌，后来由于告诫无用就只能报警。值得注意的是，小林的父亲是一名精神分裂患者，在他很小的时候跳楼自杀了。

偏执者的遗传基因并非能完全传递给下一代，反而容易出现截然相反的一代人。老话说"龙有九子，各有不同"，讲的就是个性的不同。即使是双胞胎，也可能发展成迥然不同的个性。这种不同，可以理解为基因突变，也可能有环境因素的作用。然而偏执人格障碍或偏执精神分裂的遗传基因是以一种基因缺陷的方式传递给下一代，因环境诱发的可能性相对较高，与偏执者相比，基因更加稳定。由于是缺陷，后期出现端倪的时候应尽早进行认知治疗和行为治疗，以防止其往更严重的境况发展。

偏执者的遗传基因中具备很多天赋，比如韧性、敏锐、擅于观察，适合从事研究发明或者侦破勘察等工作，这在生活中是非常常见的。电视剧《特战荣耀》中，杨洋扮演的男主就是一名典型的偏执者，初入特警队无法和其他战士配合作战，一心要做最强领头羊。脱离队伍的他自然会遭遇很多的挫折。他的偏执来源于警察父亲的基因遗传。他父亲的偏执在于要让儿子成为最强的人，在他少年时期就对他进行严格残酷的特警训练，两个都是不服输的人，自然形成了糟糕的亲子关系。精神分析大师弗洛伊德的女儿安娜·弗洛伊德成了一名儿童精神分析师，她继承和发展了弗洛伊德后期的自我心理学思想，对自我防御机制的研究以及自我心理学的建立做出伟大贡献。

值得注意的是，发挥偏执者的优势需要一个良好的环境和心态做支撑，因为偏执者所具备的特性和偏执人格障碍只有一步之遥，所以需要更加引起重视。

天才的基因在环境的作用下，也容易变成压垮自己的最后一根稻草。偏执者的自傲是力量，也容易成为桎梏，他们更需要有一个舒适的内心世界，专心地、不被打扰地做他们感兴趣的事。

约翰·纳什是一位天才经济学家、数学家，年仅22岁就发表了博士论文《非合作博弈》，威名远扬。他24岁就成为麻省理工学院的一名老师，由于他的教学模式和考试方法有悖于传统，加上性格古怪傲慢，他成为很多人眼中的"疯子数学家"。他在30岁的时候，患上了精神分裂症。从疯子状态中康复后，他继续做研究，并获得了诺贝尔经济学奖。

他的偏执在上小学期间就已经有所体现。他喜欢一个人坐在角落里，有明显的社交障碍，行为上特立独行。他的学习成绩并不理想，甚至被老师判定为智力水平低于正常水平的学生。这些其实在某种程度上符合偏执特征。

偏执者故步自封或者说以自我为中心的处事风格会造成严重的人际隔离，然而他们的天赋和才华会在新的平台向他们张开双臂。从这个层面来讲，偏执者是值得骄傲的。当然，这和他们极尽苛责的奋斗和努力是分不开的。正如约翰·纳什，他在学生时期不断遭到老师的批评、同学的疏离，却在经济领域、数学界成了万人瞩目的标杆。

总之，基因是先天赋予，环境是后天条件，两者之间并不是平行发展。并不能说基因中携带偏执特性，就一定会成为被人诟病的"怪人"；也不能说具有偏执特性的人一定会成为伟大的人或者成为疯子。基因需要和环境因素关联，只能说基因成就天赋，环境造就人才。

## 教养方式，是性格的诱因

除了基因，养育者的教养方式是影响孩子性格形成的重要因素。每个人自有记忆开始，接触到的第一个环境就是家庭。家庭作为一个社会单位，除了亲人之间的亲密关系外，同样存在人际关系、竞争关系，这些元素直接或间接影响了一个人"自我"和"自尊"的形成，催化了性格的养成。

在心理学越来越受重视的今天，新上任的年轻父母从各个途径学习关于教养类型、正面教育等知识。美国临床心理学家戴安娜·鲍姆林德曾将回应和要求作为衡量家庭教养方式的两个维度，并按照不同程度将其分为四种教养类型，分别是高回应高要求、低回应高要求、低回应低要求和高回应低要求。在这里，我不一一展开描述。对于偏执者家庭，我想要讲得更多的是养育者和孩子的关系，我们所关心的是作为偏执者的养育者自身存在的问题，以及如何将它代入教养关系中，这是形成偏执性格的极其重要的客观因素之一。

每一个偏执者都生存在一种特殊的教养关系中。之所以我没有将养育者直接称呼为"父母"，是因为很多偏执者的成长环境是缺失父爱母爱的，这也成为第一个要讲的话题。

之前我曾讲到留守儿童的偏执状态。"父母"角色的缺失，或者说一个不健全、不幸福的家庭，依然是偏执性格的关键性成因，即偏执建构中安全感的缺失。

**忽视和溺爱**

很显然，这是两个极端。

父母的缺失或情感忽视，对孩子的成长来说就像是在没有防护措施的情况下走钢丝，孩子随时会跌入万丈深渊。

【案例二十六】来访者顾女士提到身边的人总会渐渐远离她，她觉得非常不可思议。顾女士研究生毕业，出生在较为富裕的家庭，一直是身边人羡慕追随的对象。然而她的朋友很少，或者说她喜欢结交新朋友，但日子不长，就会发现他们会远离自己。

　　工作者在顾女士的描述中发现，她是一个典型的情感索取者。所谓情感索取，顾名思义就是喜欢压榨他人对自己的付出，而不愿意付出给他人。顾女士在对待友情和爱情上如出一辙，她对情感的索求就像是一个黑洞，狂热地吸收着别人的爱与关怀作为滋润心灵的养料，而她并不会因此满足或感恩，而是索取更多。她表示从小她就是这个样子，不认为有什么不对，那都是别人自愿的。比如她喜欢接受各式各样的节日礼物，但对于回赠这件事总是漫不经心，要不然是忘了，或者赠送的礼物并不等值。顾女士的家境不错，在经济条件尚可的情况下，照理不应该这样对待朋友或恋人。在问及原因时，她的回答引人深思。她认为自己付出太多会觉得很不值得，换言之，就是她认为没有一份感情值得她付出和真诚对待。她在事业上逐渐风生水起，却发现身边的人越来越少，最后成了孤家寡人。

　　偏执者的人际关系向来是糟糕的，最基本的原因是缺乏安全感，以及由此引发的焦虑。

　　顾女士对好友的认知局限在单向索取而不是双向奔赴上，无论是情感还是物质。追根溯源，这和她的成长环境息息相关。

　　顾女士的父母是做生意的，在她出生后，由于家庭条件优越，她一直由两名家庭保姆照顾。自她懂事开始，父母由于经常出国，很少和她做情感上的交流，更很少有陪伴，她唯一的收获就是从国外寄过来的礼物或汇款。她并不缺钱，却是个情感流浪者，找不到可以栖息的码头，当有人走近她时，她就像久旱逢甘露，通过收获别人的感情来弥补自己对情感的渴望，这是一种补偿心理。

　　遭遇情感忽视的孩子往往比其他人更害怕失去，在偏执者的观念里，这是不被允许的。因此会出现渴望被爱和高冷对待他人的矛盾心理。

人都是愿意接受他人对自己的诚挚感情的，并且十分渴望，偏执者也一样。只是偏执者由于在情感忽视的过程中习得性无助，因此对于这份友谊或爱情能维持多久持有怀疑的态度，在潜意识中他们觉得自己"不配得"，因为自己的父母都对自己冷淡，怎么会有外人喜欢自己呢？

这样的扭曲认知，让偏执者在挫败和不甘中徘徊，越是被重视的感情，他们可能越会显得若即若离。实则在内心，偏执者愿意全身心对待他人，只是他们的敏感和脆弱，让他们望而却步，这是"不配得"的恐惧造成的，虽然在很大程度上他们并不承认这一点。

而与之相对应的另一个极端是溺爱。无论是双亲健全的家庭、单亲家庭还是隔代教养，溺爱都是"过犹不及"，同样会造成安全感的缺乏。或许你会疑惑，为什么明明孩子被爱包围着，却越来越暴躁不安，哪哪儿都不对呢？

溺爱会导致两种结果，一种是"在沉默中爆发"，另一种是"温水煮青蛙"，很多偏执者属于前一种。

偏执者的个性中对自我价值感的实现要求非常高。幼年时期，或许他们会很享受被溺爱的环境，长大后特别是青春期，他们就会想方设法挣脱这种被包围的压抑感。这是基因的作用，也是因为溺爱本身就会让人倦怠、不思进取或无用，这是偏执者不认同的生存理念。他们迫切需要挣脱牢笼，活成自己的模样。偏执思维最初体现在反抗养育者的管教方式上，并且将这样的叛逆带入社会，容易养成挑战权威、我行我素的处事风格。

"温水煮青蛙"指的是不知不觉中的习得性无助，少部分偏执者由于被溺爱，社交圈无法得到拓展。在人际交往过程中，他们往往会因为自恋受损而惶惶不安。

"自恋受损"顾名思义就是因自恋没有获得满足而产生的伤害。被溺爱的人一旦意识到自己在外人面前并不具备受重视的条件时，自信心和自尊将受到严重的打击。

案例二十二中的小欢就是被溺爱养成偏执性格的典型，不被关注、没有存在感、不被重视，是他们的直观感受。

我遇到过同样在溺爱中成长起来的另一位来访者，他的苦恼就是喜欢用大量的金钱获取别人对他的崇拜和关注。从短期来看，确实颇有成效，收到好处的人会围着他转；从长远来看，这些人都是冲着他的财富去的，甚至有些人产生了嫉妒，背后说他是富二代的优越感作祟，让他恼怒不已。他很想做成一件事情向家人或朋友证明自己，然而他发现除了倚仗有钱的父亲，自己实在没有拿得出手的技能。于是他颓废，继而破罐子破摔，喜欢通过不间断的恋爱寻找存在感，成了名副其实的"花花公子"。恋爱就像是一剂毒药，挥霍和"爱情"让他欲罢不能，每一次他都会认为找到了"真爱"，但是不超过三个月，他就会找各种理由分手，只有新鲜的"爱情"才能再度救活他。

而造成他这般行径的是他的母亲。在他学业、事业、人际关系屡屡受挫时，他的母亲总是安慰他——这些都不重要，开心就好。这就是典型的"低要求"甚至是无要求带来的后果。

日本有一名漫画家曾经在作品中将被溺爱的孩子比喻成一个只知道吃喝的小宠物，父母不断夸他可爱，锦衣玉食地豢养，直到有一天他变成了大怪物，无法走路，脾气暴躁，父母觉得他不可爱了，就放弃了他。在他奄奄一息的时候，说道："这不就是你们想要看到的样子吗？为什么要放弃我呢？"

溺爱，是一把无形的刀。

在溺爱中成长起来的偏执者，并不是真的无用，而是被"爱"埋没了。只要父母愿意参与改变，慢慢将他们从糖水里扶起来，终有一天，他们是可以成就自己的。

可见，忽视和溺爱的养育关系会带来阵痛，是需要及时止损和修复的。对于情感忽视的家庭，希望能在孩子青春期之前多给予陪伴与倾听，在孩子12岁之前，还是有机会弥补他们童年缺失的爱的，能在最大程度上减少他们对家人的不满甚至仇视；对于溺爱的家庭，需要重建孩子的世界观，在孩子一味的索取面前，懂得延迟满足，对于他们的自我成长需要明确地提出要求，并适当使用挫折教育。

## 不稳定的爱

一般情况下，父母对孩子的爱是永恒不变的，但世事无绝对，总有例外。有的父母对孩子忽冷忽热，全凭自己心情。我在这里提到的是父母而不是养育者，因为孩子最在乎的是父母和自己的关系，而不是养育者。就算是在爷爷奶奶、外公外婆家成长起来的孩子，也会更加在意自己在父母心中的位置。

而这种不稳定的亲子关系，父母无论在精力、财力、爱的能力上都呈现出心有余力不足的态势，我们千万不能小看孩子对家庭经济能力和父母感情危机上的评估。

【案例二十七】高二学生阳阳是一名成绩优异的男生，在大家为高考摩拳擦掌的时候，他却频繁请假甚至逃学，让老师非常着急。阳阳的成绩向来名列前茅，大家对他考取名牌大学寄予厚望。一开始老师们以为是阳阳对自己的要求高，压力太大造成的，但经过深入了解和家访才知道，阳阳的父母对于是否要供他上大学持有不同的意见。父亲病重在家，母亲文化程度不高，在父亲病后，生活的重担让她变得情绪化。实际上，在阳阳看来，父母的感情一直处于动荡的状态，母亲曾不止一次提出过离婚，家里的经济条件也一直让阳阳担忧。因此他努力读书，试图通过学习改变命运，然而父亲却病了。母亲对于阳阳今后的学费似乎无能为力，特别是近期，对他的关心变少了，可能是忙着赚钱，很多时候连饭也没时间做。阳阳一边照顾父亲，一边自己做饭，还在外面偷偷打零工。家庭的窘迫造成了他极大的自卑和自负，考取一所理想的大学，更是成为他坚持的唯一信念，他表示要通过打工冲破障碍。老师们发现，阳阳的个性变得越来越沉默，很少参与集体活动，也少了青少年该有的活力，他背负的压力，他的理想和他岌岌可危的家庭，让他变得敏感和多疑，有一次因同学无意中提到他的近况还大发脾气。

家庭结构越是稳定的家庭，带给孩子的力量越大。阳阳虽然也会砥砺前行，但不可否认的是，他的内心是焦灼的，用他的话来讲——只有成功才能给他活下去的勇气！这个想法显然是极端的，也是偏激的，需要调整认知。

但从另一个角度来理解，"成功"是他摆脱原生家庭困境的转移性防御机制，唯有这样才能让自己振作起来。只是对成功的执着会给自己带来不必要的压力，并不能让内心轻松下来，反而会增加焦虑。

阳阳应该明白，家庭的责任固然重要，但是每个人都属于自己，有时候亲人患上绝症或母亲试图逃离这些事，并不是他的错，不需要强加在自己身上。

## 救赎和仇视

很大一部分偏执者来自不完美的家庭，或者是离异，或者是单亲，或者是家暴。在这部分人当中，生存的意义被赋予了更多的含义，特别是在离异家庭中，有的孩子成了大人发泄的工具，成为具有血缘关系、无法逃离的替罪羔羊；有的被视作父母的救星，因为父母自己不出色，于是将光宗耀祖的责任强加于孩子身上；有的则成为父母用来攀比的道具。

塞尔斯认为，一部分人之所以会出现偏执状态，是因为在早期的成长过程中，他们为了成为父母期待的样子，达到父母的要求，在自身喜好和权利之间，选择了后者，以满足父母的自恋情结。

当孩子意识到父母的需求以及怎样做才能让父母开心时，不知不觉中成了为父母服务的角色。他们的认知产生偏颇，认为能让父母获得满足并实现他们未完成的心愿，就是最大的孝道。

特别是当父母中的一方将苦恼和焦虑投射在孩子身上时，孩子产生的内疚心理将伴随他们整个童年，对自尊的形成影响颇大。

偏执者一般都会有一位同样偏执的父亲或母亲，或者说是焦虑的父母。

【案例二十八】糖糖是一名16岁的花季少女，在她3岁时父母就离婚了，她跟随母亲生活。母亲不失为一位有责任、有担当的好母亲，独立养育她的过程中又当爹又当妈，连修理家中的水管、通下水道这些原本应该是男人做的事也亲力亲为，当仁不让。母亲在糖糖的眼中是伟大的，原本母女俩的关系处得像是姐妹一样，糖糖自小也是一个非常听话的孩子，一切以母亲的意愿为标准。出现问题是在她上初中以后。糖糖原本不错的学习成绩节节下降，一是因为知识点越来越难，二是她发现母亲对她的要求总是不停地在变化，母亲喜欢一遍一遍地说自己当年读书时候的优异表现（实际上是被无限夸大过的）。糖糖曾经为了能成为和母亲一样优秀的人而努力，可是随着年龄的增长她发现，无论是在样貌还是学习能力上，她越来越像背叛她们的父亲，这让糖糖十分自责。她讨厌自己的样貌，开始习惯性地将自己鼻子以下的部位遮挡起来，原本在镜头面前很有自信的她变得不喜欢拍照，和母亲在一起时，总是揣着一种内疚的心理。因为和父亲长得像，她害怕母亲会迁怒她，或者是"触景生情"，尽管她的母亲依然一如既往地紧张她的一切。小时候，她将这种紧张视为关心和宠爱，到了青春期，糖糖开始害怕自己不够好，会让母亲失望,以至于她不断想让自己的学习成绩更好一些,结果却适得其反。她离母亲的要求似乎越来越远,这让她害怕,也无法原谅自己。糖糖在一段抑郁的时光里挣扎生存,好在母亲能及时改变和她相处的方式,并安慰她人生的道路有很多,考大学的途径也有好几条,可以慢慢尝试,总有一条路适合她。再加上自己的努力,糖糖才从抑郁状态中解脱出来。然而解脱的同时,她的性格发生了明显的变化,偏执者的敏感、多疑以及习惯性防御等,佐证了一名偏执者的诞生。

可见,偏执者的偏执都不是自己造成的,一部分是基因,一部分是"不懂事"的父母。而之所以偏执,往往是看不到自己处于被动状态之中:表面上是自我为中心,实际上是因为不想受到伤害;内心想着照顾他人,行动上却退缩不前,总是将自己架在焦虑的火上燃烧,意识不到这样的焦虑可能和自己并无多大关联。

或许有一天,当偏执者看清自己真正想要的,才能放下心中的执念吧。

## 创伤记忆,是性格的毒药

每一个偏执者或多或少都经历过创伤,也可以说他们的偏执来源于创伤记忆以及这些记忆带来的恐惧。恐惧和无助是偏执的源头,所有的防御系统都服务于逃避恐惧。

心理学家克莱因认为,童年的早期恐惧症状与后来出现的偏执表现之间存在着相互联系的可能性。

我们讲创伤,更多立足于创伤的外化表现,而不仅仅是创伤事件本身。由此将创伤划分为代际创伤、童年恐惧以及校园恐惧症。

## 代际创伤

代际创伤也可以理解为母体创伤。人们在探讨创伤事件时，习惯将关注点放在具体的恶性事件上，而忽略了代际创伤。

代际创伤的解释最早来源于 PTSD（创伤后应激综合障碍），指的是创伤事件从第一代幸存者转移到他们的下一代或是隔代相传。对于它的研究始于 20 世纪 60 年代。经历过战争、集中营等暴力事件的人群，在他们的子孙中（三代以内），接受精神援助的儿童人数比普通人群高 3 倍以上。

这是普遍意义上的解释。而在和平年代，代际创伤依然存在，只是更多集中在生活中的具体事件，比如暴力、虐待、遗弃、背叛或者事故，从更广义的范畴来讲，也可能是自然灾害或恐怖袭击。

代际创伤来源于传递，也就是说一个刚出生的孩子，记忆中携带父母或者是祖辈的创伤记忆，在成长过程中，他们更容易产生恐惧。

而恐惧和焦虑是偏执机制的起源，因此心理学领域的工作者同样能在偏执者身上找到代际创伤的蛛丝马迹。

在讲创伤记忆时，我打算只讲一个案例，他是一名高一学生，我们暂且叫他小华。

【案例二十九】小华的代际创伤来源于他的母亲。当他还是母亲肚子里的胎儿时，他的父亲就在外面有了新欢。据他母亲描述，当时为了保全家庭，她选择了缄默，因为孕妇怀孕期间丈夫无法提出离异，因此她想把孩子生下来后再做打算。然而理智归理智，小华的母亲经历了难以想象的孕育岁月，每天在忍耐和表演中度过，只在深夜里偷偷哭泣。母亲会在无人的时候抚摸着肚子和他讲述自己的心事，而在这个过程中，悲伤的母亲忽略了快要临盆的胎儿能清晰地感受到母亲的心情，也能感应到母亲的意愿。在他的潜意识里，小华憎恶自己的父亲，与母亲产生了共生同盟关系。这在他出生后，莫名排斥父亲、不让父亲靠近的表现中得以证明。而这些行为的背后，母亲无法认识到这是她无意间"胎教"导致的结果，只要父亲靠近孩子就会大声啼哭和抗拒这件事，被家人误认为是孩子开始"认人"或者是"孩子没有睡醒"。

事实证明，小华在幼年时期就显得孤僻。在他2岁时，父亲还是选择了抛弃他们母子，另择新欢，而他似乎对父亲也没有太大的期待，好像他的生命中只有母亲，而父亲这个人原本就是多余的。他的偏执症状一直伴随着他，包括敏感、多疑以及青春期时发现自己更多地喜欢照顾男生这一偏好。

代际创伤的传递一方面来源于祖辈的基因，另一方面来源于现实生活中不断地灌输和强调。

比如小华母亲的"胎教"就是在制造不安全感和无助感，这不代表他母亲失职，只是作为诱因的一种进行讨论；然后是离异家庭通常会出现的父母战争，让孩子处于"兵荒马乱"中，这种环境下成长的孩子会出现两种状况，一种是"战"，另一种是"逃"。没错，就是我之前讲到的，当人遇到危险境遇时出现的两种本能反应。

选择"战"的孩子会维护和自己亲近的一方，由此对另外一方态度恶劣；选择"逃"的孩子则躲在自己的世界里，父母任何一方都会让他们感到害怕；而"战"与"逃"之间会发生转化。

小华在幼年时期，更多的表现是"逃"。他的内心不愿意见父亲，但没有明显的违抗举动，在他母亲带他例行探视时，他选择不说话。那个时候他对父亲应该还存在一丝幻想，但当他发现父亲的微信朋友圈出现了和年轻女人的合照后，他对父亲的态度转为了

"战"。他会将父亲给他的生日礼物当面扔进垃圾桶，拒绝和父亲见面，连维护父亲的爷爷奶奶也一起憎恶。在面对这"一众人"时，小华的态度极其恶劣，甚至会将他们赶出家门。

对于偏执者来讲，背叛是绝对不能容忍的。在小华进入青春期后，他的母亲虽然已经和往事和解，小华依然不能容忍父亲一家中的任何一人行使探视权，并把母亲的原谅视为软弱，在某种程度上和母亲产生了嫌隙。

实际上，这就是代际创伤带来的副作用。小华已经承继了母亲的悲伤，并背负前行，将它和自己的生活融合在一起。对父亲的憎恶来源于母亲的憎恶。实则他可以接受来自父亲的关爱和探望，只是他的内心滋生了矛盾心理，认为接受父亲就是对母亲的背叛，这让他很自责，包括他第一次接受父亲礼物时，那种复杂的心情，转移到了对母亲的苛求上。很明显父亲的赚钱能力高于母亲，小华不接受父亲赠予的高价电子产品，却要求母亲买给他，他希望母亲能彻底取代父亲的存在，他的偏执也表现于此。

**噩梦与恐惧**

在偏执机制里，噩梦和恐惧是形影不离的一组表现形式。很多偏执者的童年是在噩梦和恐惧的焦灼中度过的。这些噩梦源自母体，由婴儿时期的夜惊开始，慢慢发展到成长过程中的惊梦、梦游或失眠。

偏执者和偏执综合征在梦境的复杂程度上有很大不同。普通人群在噩梦后，第二天会很快忘却，投入到新的一天中，而偏执者则会记很久，并且会直接影响到第二天的心情，害怕晚上再度噩梦，由此容易造成失眠和梦魇之间的恶性循环。噩梦会再度引起偏执者对创伤记忆的"缅怀"。而偏执综合征人群则是另类的，他们分不清梦境和现实，认为梦境中可怕的怪物隐藏在身边的某个角落。

噩梦和恐惧让人感到无助，无助产生焦虑，焦虑促发偏执，这就是偏执机制的一组闭环过程。

噩梦往往是焦虑存在的敏感指标，可能反映了这种无助感。这种无助感发生在进行重大的新任务，但所必需的运动技能、认知能力、防御能力或其他自我功能还没有发展起来时。梦的内容可能是通常的"血骷髅"式的，无力感使梦者感受到危险和攻击，但无力感的自我元素，可能比梦者的内容所暗示的本能元素更重要。

小华的噩梦经历是从婴儿时期的夜惊开始的。母亲发现他的睡眠一直处于不安稳的状态，时不时会猛地抽动一下，安抚过后才会再度进入睡眠。他有时候半夜会啼哭，然而并非因为饥饿或排泄的原因，唯有将他抱在怀中，他才能安静下来。母亲回忆道："我以为这是婴儿成长过程中很正常的闹夜。"

在小华上了幼儿园之后，母亲因为受到当时盛行一时的国外育儿理念的影响，为小华置办了独立的卧室，她的本意是为了锻炼小华的独立能力和胆识。在这里，我并不认同过早和孩子分床或分房睡的观念，至少是在孩子12岁之前。这个阶段，孩子和母亲属于共生阶段，并且随着年龄的增长逐渐脱离，重点是逐渐脱离而不是一下子改变依恋状态，特别是类似小华这样的孩子，原本就缺乏安全感，需要更多的呵护和抚慰。

自从小华拥有自己的卧室之后，一开始的新鲜感被噩梦替代，虽然他经常会半夜跑到母亲的床上寻求庇护，但依然逃脱不了梦魇的纠缠。据他母亲描述，小华能将梦中见到的怪物很清晰地回忆起来，并且隔三岔五地找她讲自己的噩梦。

由于做噩梦是一件太正常的事，一般没有接受过心理学知识普及的家长都不会将它和偏执症或者是其他精神类疾病的隐患联系起来，小华的母亲自然也是如此，于是错过了对小华最好的心理疏导阶段，恐惧一直伴随小华成长。

**校园恐惧症**

小华的恐惧症一开始只是潜伏期，除了在幼儿园时，老师发现他比较内向之外，他似乎也非常乐意接受他人的友谊，并且有三五个玩得很好的小伙伴。

直到中学时期，随着小华偏执思维的加深以及压抑的同性恋欲望，加上第一次失恋和老师的不正当指责，引发了他的校园恐惧症。

校园恐惧症是当下心理学领域一个新兴的恐惧症类型，通俗来讲就是对校园这样的特定环境产生恐惧心理，区别于广场恐惧症。

校园恐惧症的孩子一般都会有躯体症状，在面对去上学这件事时，他们会出现胸闷、头晕、腹痛等症状，而一旦去医院诊断，却又找不到具体的病灶，属于神经症的一种。

严重的校园恐惧症会影响患者的社交能力以及正常的生活和学习。小华属于轻症，他能继续上学，但是成绩会出现不稳定的现象，状态好的时候能冲上前十名，状态差的时候一落千丈。他的状态和他不间断的失眠脱离不了关系，而想要解决这个问题，首先要做的是让他对自己有操纵感和支配感。对于被梦魇和恐惧支配的孩子，无助和脆弱是他们的深层底色，想要彻底摆脱恐惧，就要让他们意识到自己为何处于恐惧中，以及他们内心的矛盾是什么。

对于小华来讲，需要通过专业的心理咨询来让他认识到父母的离异和他并没有太大的关系，并不是他的错，而父亲的不负责任以及对母亲造成的伤害，无须由他来偿还。由此对他为何不敢接近女生而喜欢关心照顾男生给出一个合理的解释，从而让他认知到自己的性取向问题来源于代际创伤。

当然，我要声明，当下心理学领域以及精神科领域，并没有将同性恋归为精神障碍，我们只是通过它去看到更深层次的心理图示。

## 虐待与暴力

一部分偏执者曾经经历过虐待和暴力,由此产生了对他人的不信任和恐惧心理,从而形成高度敏感和防备心理。

虐待包含情感虐待、躯体虐待、性虐待;暴力包括躯体暴力和冷暴力。幼年时期遭遇的虐待如果没有及时处理,将成为难以磨灭的心理阴影,很多虐待和暴力来源于突发的恶性事件,而看管者视若无睹。

【案例三十】晴晴在5岁的时候,曾经被母亲独自放在游乐场超过一个小时,可能是因为母亲去了洗手间或者要购买重要的东西,而偏偏在这个时候,晴晴遇到了霸凌。一对母子看她无人看管,将她从木马上强行拽下来,在她反抗的过程中,她的鼻子被撞到了,并流了鼻血。等她母亲赶到的时候,血迹已经干涸,而那对母子也已经消失了。知情人告知这位母亲事情的经过,而母亲只是为晴晴擦去血迹,并埋怨她不该和他们发生争抢。晴晴当时并没有哭闹,坚强的她期待着母亲的安慰,却等到了埋怨,强烈的委屈充斥了她幼小的心灵,以至于在很多年以后,晴晴依然认为母亲是不喜欢她的,不仅仅是因为母亲的疏于照顾,更是因为她对自己的情感无视。

晴晴的偏执也根源于此,她的不配得感和无助感让她产生了对人际关系的恐惧,此后需要通过对他人采取冷漠、暴躁等态度来维护自己的脆弱以及防止受到伤害。当然,晴晴的偏执还表现在对自己的苛求上,她事事要强,想通过成功来向母亲证明自己很棒。因为在她的记忆中,母亲经常在她面前讲自己以为怀上的是一个男孩子,结果是一个小公主。可能母亲并没有重男轻女的意图,然而听者有心,讲多了后,玩笑也就当了真,而偏执者是不接受玩笑的。有一说一,既然你总是把我说成男生,那我可能就是个男生。因此晴晴有很明显的阉割焦虑，她希望自己比男生更强，这样才能取代男孩子在母亲心中的位置。而这个偏执观念，同样将她带入了性别认同的怪圈里。在某种程度上，晴晴更愿意照顾女生，或者喜欢比较女性化的男生。她喜欢为别人提供帮助，喜欢和男生抢着买单，甚至能帮母亲修理下水管道，以此证明自己具备男性特征。

无论是哪一种创伤记忆，都或多或少成了点燃偏执性格的导火索。在这里，我们更多地想从这些恶性事件所带来的无助感和焦虑来探索其与偏执的关系。

比如代际创伤会让人捉摸不透，因为在不了解祖辈创伤经历之前，当事人无法解读自己的想法或行为。曾经有一部美剧讲到了代际创伤，女主劳拉对于怀孕这件事感到无比羞耻，以至于多次瞒着丈夫将怀上的胎儿打掉，可事后又会陷入无比的自责当中。后来她的母亲才告诉她，劳拉的阿姨曾经在生前遭遇过强暴并且怀上了孩子，因为感到羞耻，阿姨选择结束自己的生命。劳拉的母亲非常悲伤，并将这种悲伤带给了自己的女儿，延续了下去。获知这个悲剧事件后，劳拉反而得以正视自己的行为，经过一段时间的心理咨询后，成功地走出了"不断杀害自己孩子"的怪圈。

噩梦也能解释为偏执的一种投射。噩梦中被追杀或者被恶灵纠缠的情节往往是对人际关系或生存状态的一种焦虑、恐惧心理。如果当事人经历过虐待或暴力，那么这种噩梦将一遍遍以差不多的场景出现。噩梦不分年龄，因此会长时间跟随当事人，但如果能透过噩梦看到本质上的矛盾点，那么就会掌控主动权，被胁迫、被恐吓等偏执症状就会有所缓解。

再比如虐待或暴力事件，当事人的关注点更多的是将肇事人的错误归咎于自身，由此产生了自卑心理，并将这种"不配得"体现在后期的人际关系中。为了摆脱受虐状态，偏执者不畏强权的根基也在这时体现出来，他们需要采取"战斗"模式或者是逃离模式来捍卫自己的尊严。这是难以改变的现象，就像是让一头狮子放弃眼前的挑战者一样，他们需要看到这种气焰的源头，并且能将真正的施虐者和权威分离开来，正视这是施虐者的错，而不是自己，更不是权威的错。

当然，无论是哪一种原因，既然已经形成了偏执性格，那么我们也并非需要强行改变，只是我们都有知道真相的权利，这对于进一步了解自己，有积极、正面的意义。

## 偏执者心中长不大的"内心小孩"

在心理学领域，有一个形容内心世界的名词，叫作内心小孩。所谓内心小孩，指的是在一个人的成长过程中，那些被掩盖起来的悲伤、委屈、压抑或者是阴暗的部分。内心小孩是一个人最真实且最无法坦然面对的，它是抛开防御体系之后，血淋淋的人格本原。

很多性格缺陷是因为在发生创伤事件时，养育者或者自己没有认真、正确处理和对待，以至于带着这个创伤一起成长，而创伤就像一颗毒瘤，在成长过程中演变成其他意想不到的"并发症"：比如无助感会通过否认的方式来防御和掩盖；恐惧会通过抗拒和排斥来抵御；焦虑会通过苛求来发泄等。

在心理学越来越受到重视的当下，人们通过大量的书籍和网文认识了内心小孩，开始尝试理解和接受真实的自己，与悲伤和解。大部分人的内心小孩可以追溯到具体的创伤事件以及连带关系，并且通过对事件的回溯改变认知，从而释放内心的真实感受，让憋屈的心理释然。然而偏执者的内心小孩和大多数人有所不同。

偏执者的无助和恐惧往往没有特别具体的事件，他们的情绪更多来自性格中携带的基因，而引发基因效应的事件数不胜数，这和偏执者习惯性地过度解读他人意图有关。他人的某些善意举动也有可能对偏执者造成伤害，因此对于偏执者内心小孩的描述，无法用简单的创伤事件来概括。

每个人的内心小孩都存在缺失的一面，有的是关爱，有的是尊严，有的是安全感，而偏执者普遍缺少自主权。

所谓自主权涵盖了两层含义，首先是对自己的主导权。比如在做重要决策的时候，能够清晰地为自己做决定。其次是在人际交往过程中和他人的互动。成熟的自主权允许自己和他人建立良好的合作关系以及团队意识，并且能接受他人的建议，遵从少数服从多数或者利他原则。

然而这一点对于偏执者来说很难做到。偏执者的性格底色是非黑即白的。很多情况下，他们聆听到的是内心的声音，一旦大脑接收到这个信息，那么外界的很多意图都会变成挑战他们底线的媒介，这就是为什么偏执者害怕受到控制和束缚，对于权威有一种天生的排斥。

【案例三十一】章易（化名）是一名高材生，在国外的名牌大学就读期间深受教授的欣赏，回国后在教授的推荐下，顺利进入了名企，并且担任了高管。按理来说，章易应该感到自豪，然而他并没有大多数人想象中该有的兴奋和知足，反而觉得教授的安排让他没有自由的发展空间。他无法接受大企业复杂的人事关系，总是和领导的安排背道而驰。更让他感到压抑的是在高层领导会议期间，他总会遇到和自己"针锋相对"的人，他的很多建议被搁置，还得和别人保持合作关系。这让章易感到自尊心受到了很大的伤害，简直就是屈辱。

章易就是典型的偏执群体代表。在他的认知里，喜欢别人跟着自己的步伐走而不是相反，只要是愿意跟随他的人，就会非常珍惜，但凡和他有一点不同意见的，他会花费很大的精力来争取对方，直到对方臣服。而如果依然无法统一意见，他会选择坚持己见，并有可能在情绪上显得不耐烦甚至和对方"划清界限"。

　　很多偏执者更适合创业，经营能够充分发挥自主权的企业。章易后来很快离开了那家名企，自己成立了公司。虽然小公司在经营过程中出现了很多困难，但他乐此不疲，毕竟这是属于他自己的独立的空间，员工也是十分听话并能和他保持一致的人。

　　然而章易的偏执，还是给他带来了很多不必要的麻烦。他很快发现，公司员工的流动性非常大，虽然只有十几个员工，但有时候会出现在同一天多人离职的现象。显然，他的偏执让一部分人无法理解和忍受，他的一言堂和精益求精不是每个人都能够做到并且让他满意的。虽然他年轻朝气的模样很让人喜欢，但接触久了之后，他的"权力至上"让他的形象大打折扣。然而他依然十分看重掌控自主权，因为他不喜欢受到威胁或者说被控制。

　　其实没有人喜欢受别人的掌控，每个人都向往自由的权利，只是当一个人处于外界环境时，很多时候不得不权衡利弊，适当地做出牺牲，听从或服从他人的安排。每一个社会环境都会制定需要遵守的规则或潜规则，比如在学校，我们为人处世得考虑同学的感受；在公司，我们得考虑同事工作中的既得利益以及老板的心态；在家中，我们得考虑家人的需求以及他们的情绪等。

　　偏执者之所以在很多状况下不被家人或外界理解，就是因为他们不懂得如何掌控自己的自主权，什么时候该坚持什么时候该释然，以至于很多人不喜欢和偏执者交往。

　　实际上这是一个好现象，至少偏执者成功找到了一条通途，能够让自己处于安全状态中，并且能将自我能效发挥到极致。只是身边人很少能理解或读懂偏执者，他们看到的是偏执者很多不能容忍的态度，比如易激惹、冷漠、总是歪曲他们的好意等。

从表面上看，偏执者似乎并不在乎旁人的目光和评价，因为他们总有一万个理由来摧毁旁人的信念，让他们或者选择臣服或者选择远离，而偏执者对于人际关系的麻木已经达到了一种境界，可以屏蔽一切反对他们的声音。

从深层次看，偏执者对于择友是相当严苛的，不是对他们好的人就可以成为他们的朋友，能走进心灵深处的，一定是最懂他们也是离他们内心小孩最近的人。

为什么偏执者会那么在乎自主权？其根本原因就在于他们不容侵犯的自尊。偏执者的自尊从两个角度来展现，其一是"自命不凡"，其二是"卑微羞愧"。

"对普通人来说，自主权带来的是一种能力感、自豪感和自尊，而偏执的人则相反，他们要么傲慢自大、自命不凡，要么鬼鬼祟祟、羞愧难当，或许最常见的情况是两者兼而有之。"

之所以会产生两种极端表现，首先要考虑生物学因素。

案例中章易的母亲就是一名典型的偏执者，她是一名大学教授，在生活和工作中都苛刻严谨，对章易的管教也非常严苛。他的母亲喜欢掌控家中的一切事务，每一个决定都必须听她的。从童年到大学，章易的衣物都由母亲置办，自然也是根据她的审美和喜好，她掌控着章易的生活甚至是每一个想法，也经常习惯性地将自己的认知强加给孩子。由此可见，偏执者中很大一部分群体是有强迫症征兆的，就比如章易的母亲虽然鼓励儿子自己烧菜，却必须在她身边，把自己的流程灌输给他，剥夺了他自由发挥的空间。这些生活中的点点滴滴激发了章易强烈的逆反心理，只是在试图摆脱母亲的束缚的同时，他发现——自己成了和母亲一样的人。

其次，是和偏执者的成长环境息息相关。在宠溺环境下成长的人大部分会自命不凡，他们的自恋程度相对较高，一旦自恋受损，就会跌入"羞愧"阶段。而缺爱环境下成长起来的群体，会呈现出内心孤傲、外表谦卑两者交融的局面。与前者相比，后者更多以孤傲自居，并且在内心承受力方面高于前者。

而偏执者和偏执人格障碍之间的区别在于程度上的不同。

两者都不能忍受他人控制，但前者会意识到应该尊重他人的自主权，只是难以做到认同；而后者则更容易将他人的反对意见或安排理解成对自己人格的贬低和侮辱，这在性质上是有区别的，我们在讨论中经常提到的"对事不对人"正是这个道理。

偏执人格障碍群体的敏感在于过多解读他人的意图，并且将它视为对自己尊严的挑战、自主权的剥夺，严重者会认为自己的思想被他人操控。他们极力想要摆脱这样的桎梏，但发现无能为力，因此又呈现出惊恐以及无助感或者超我下的"自命不凡"。

偏执者只看中具体事件以及和他人之间的关系是否由自己支配和掌控。这个群体多数为事业有成的成功人士或在某个领域拥有绝对发言权，相比于"自命不凡"，他们更多属于"实至名归"，但在旁人眼中，他们的不近人情更让人记忆犹新。

可见，偏执者的内心小孩是穿着盔甲的小战士，他守护的是自己的尊严和自主权，而他缺失的也是尊严和自主权。

在催眠技能中，我们可以通过"年龄回溯"让当事人和内心小孩对话，真切地看到内心小孩想要的以及这个缺失是在怎样的环境下造成的，从而改变自己的认知。

只是对于偏执者来说，他们不认为自己的这个特性有改变的必要，因为他们需要通过捍卫自主权而让自己活得有认同感和价值感。

对于内心小孩的疗愈，不是每个人都合适。有的群体正是因为需要保护自己的内心小孩才会让生活过得有意义，一旦内心小孩被疗愈了，他们会感到失去了努力的方向。因此，内心小孩只有在影响到正常生活、进入病态心理时才有进行疗愈的医学意义和必要性。

偏执者的内心小孩正是如此，他们需要不断寻找新的动力和资本来满足内心小孩对于权力的需求和掌控，而且这种自主权不仅仅只是面对外界，也是偏执者的一种内摄表现。

偏执者在面对很多事情时自我会产生矛盾冲突。他们担心的因素有很多，然而实质上依然是担心自己被打败，或者被无视。对于自恋损伤，偏执者更有发言权。

因此，当我们看到某个人不断强调自己的主张并对不同建议显得怒不可遏时，不用讶异，那只是偏执者在保护自己的内心小孩而已，他们没有任何针对别人的意思。退而言之，偏执者的愤怒是一种正当防卫，因为他们的内心小孩是不容侵犯的。

偏执者的内心小孩是长不大的，因为偏执群体普遍单纯，他们的思维刻板而单一，不喜欢处理复杂的事务。其中有一部分群体，在生活能力方面缺少锻炼，以至于到老都需要家人为他们烧饭洗衣，料理日常起居。他们不是不愿意去学，或许一旦尝试去做的时候还能完美收场，他们只是享受被照顾的感觉，那也是内心小孩权力象征的一种外在表现。让自己处于被照顾的位置，会有被呵护、被疼爱的感受，而这样的想法是一个不愿长大的孩子才会有的。偏执群体乐意停留在长不大的年纪，于是也难以成熟，很多偏执风格也往往类似于小孩子脾气。

然而对于偏执者而言，长大是一件痛苦的事情，因为这意味着需要放弃某些自主权，需要懂得照顾他人感受以及为他们做出牺牲。

并不是说偏执群体极端自私，而是在他们的认知体系里，任何付出都应该是等价交换。这就像是在小时候，你给我一颗糖，我也给你一颗糖，没道理你总是拿走我的东西而没有任何回报。

内心小孩的后坐力也就体现在这些方面：怀着一颗童真的心，看待复杂的成人世界，这必然会遭遇到不公平待遇。偏执群体很快发现这个世界的规则并不是他们想象的那么单纯，他们的内心小孩也因此不断地遭到伤害，于是他们封闭内心，用一种暴走的方式行走人间，是有特殊含义的。

一个长不大的小孩是无法被疗愈的，一个成熟的心灵是与内心小孩对话的前提。正如心理工作者无法和一个青少年玩内心小孩的游戏一样，因为他们还不够成熟，不能勇敢地面对自己内心最脆弱的一面并且拥抱它。

因此我们若和偏执群体沟通疗愈内心小孩这个计划势必是困难重重的，这显然是在挑战他们的权威和尊严，或许他们能接受内心小孩的存在，却无法接受它的软弱。事实上，偏执群体的内心小孩更多只是天真，唯有天真的孩子才认为"天下无贼"，唯有天真的孩子才以自我为中心，而导致偏执群体一次次陷入沉思和矛盾的也正是他们想在成人的世界里做一个长不大的小孩。

或许我们尝试用孩子的认知和偏执群体沟通更能走进他们的内心。因为孩子是单纯的，也是直接的，他们不会用复杂的语言体系来攻击你，喜欢就是喜欢，不喜欢就是不喜欢，开心和不开心常常溢于言表。孩子总能清晰地告诉你他们想要什么或者希望你可以为他们做什么。

很多偏执者不愿与他人交流的原因是他们能听出别人的话外音，他们的敏感和智慧足以分辨他人的意图，而他们幼稚的心灵却依然停留在直抒胸臆上，因此偏执者十分反感和讲话含沙射影的人聊天，这些人的不真诚无疑是对他们智慧的蔑视。

偏执者内心小孩的权威是不容侵犯的，哪怕这个小孩天真，不愿意长大，也不代表他不聪明。相反，这个内心小孩保留着人性中最善良的真与纯，他所期待的权威，并非完全是让别人听从自己，而是他不愿意遭受不公平待遇的一种防御，是保护自己的模式。

# 第 4 章

## 偏执,是人格中的白月光?

## 偏执者的猜疑，是敏锐的本能反应

提到偏执者的特点，很多人可能会联想到偏执型人格的几大特征，其中一个就是多疑。这种多疑体现在比如怀疑伴侣的不忠，从蛛丝马迹中寻求各种证据。

本文提到的偏执者，指的是在生活中有一些偏执特征的人，其偏执程度还没有达到影响自己的工作和生活（我们称之为社会功能）的程度。那么有的朋友可能好奇，典型的偏执型人格的猜疑是什么样的呢？

在一个专业的执业心理咨询师的生涯中，什么类型的来访者都会遇到。咨询师也有自己的督导师，在遇到疑难个案的时候，咨询师会向自己的督导寻求专业上的支持。笔者所在的心理咨询师小组每周都有定期的案例督导，其中有几个偏执型的来访者让人印象深刻。请注意：以下本书中提到的所有个案和来访者，均采取化名，对个人信息均已做模糊化处理，并且已经征得案主同意后才用作案例讨论。正规的心理咨询，依照伦理规定，来访者会和咨询师签署保密协议以保护自己的个人隐私不被泄露。

【案例三十二】来访者小莹，在一家创业公司从事媒介工作。因为强烈的自我怀疑问题导致她萎靡不振。小莹曾经在多段亲密关系中遭遇背叛。

经过我们在心理咨询中的评估和访谈，小莹是偏执型人格，她跟每一任男朋友恋爱期间都会去抓对方出轨的证据，结局出人意料，每次都被她猜中。比如出差回来在垃圾桶翻到用过的安全套，在微博上按图索骥追踪到现男友的前女友发的暧昧信息和借钱短信，等等。这一切到底是不幸还是幸运？不幸的是美好的爱情幻影破灭了，她每次都遭遇这些背叛，幸运的是她的第六感再次被印证了："我的敏锐直觉就是最灵的。"而这些经历也让她越来越相信自己的直觉和猜疑是准确的。为什么她每次都能遇到出轨的男人？或者有没有可能，是因为她不断地怀疑，逼着对方干脆以实际行动来"反叛和印证"（这种情况我们在后文加以解释）？虽然她经历了分手，但是我们不得不说，这些"渣男"确实是被她敏锐的嗅觉给鉴别出来了。"怀疑并且验证成功"使得她避免了遭受更大的屈辱，比如影视剧中看到的原配被大着肚子的小三上门纠缠等。

虽然小莹成功鉴别出了渣男，但是她还是对自己多疑、过于敏感的性格产生了心理负担。小莹在咨询中发出疑问："为什么我不能像别人那样傻傻地、乐呵呵地度过这一生呢？"因为跟别人不一样，小莹觉得这样的自己让她感到害怕。

是否真的像她说的那样？抱着这样的疑问，我询问了小莹的工作情况和交友情况。小莹前段时间刚刚得到晋升，是因为做媒介的她发现了这一情况：项目已经结算完毕，印刷公司在交付时的态度却跟之前不太一样，支支吾吾神情诡异。这种细微的表现被细心敏感的小莹发现后，她再次仔细检查已经被公司确认的材料，发现了数个印刷错误，而此时对接人员都已经完成财务支付了，印刷公司也到了电梯门口准备溜之大吉。如果不是小莹发现疑点，公司可能蒙受巨大损失。老板因此更加信任小莹，并且把她晋升为总监。

谈到身边的朋友，小莹告诉我她有一个关系非常好的闺蜜总是让她操心。闺蜜大学毕业就听从家里安排结婚了，不料婚后第七年丈夫出轨离了婚。恢复单身的闺蜜觉得马上30岁了，年龄不等人，一心想再嫁个好人家，于是在相亲网站注册了一个会员并支付了3.8

万元的会员费，遇到了一位白马王子再次坠入爱河。但是小莹怀疑她遇到了杀猪盘。男方先是各种节假日小礼物不断，视频电话也是每天都准时在线。但是一旦闺蜜提出要线下见面，他就推脱说人在国外。恋情刚刚确认几个月，此人就劝说闺蜜参与赌博性质的投资，美其名曰要钱的目的是购买两人将来的婚房。小莹不顾闺蜜反对直接找人去查了男方的底细，最终，在派出所的警察介入的时候，在银行排队准备打款的闺蜜才如梦初醒。

"我真是个可怕的人，我总是能发现别人看不到的东西。"小莹也有些懊恼自己拥有的这种敏感的能力，甚至因为太多疑前来咨询。她说她想要远离人群，曾经一度变得有些社恐，想要自顾自地过孤独的生活。而来到咨询室之后我们发现，从客观角度看待小莹的性格特征，并不全是她自己形容的那样"可怕"。

我们发现，小莹的多疑虽然给她带来了困扰，却在无意中帮助到了身边的人。比如她的闺蜜网恋遭遇骗局差点上当，是她的多疑和敏锐提醒了闺蜜，并且阻止了一场悲剧的发生；她的细心和敏感让公司避免了巨大损失；她的猜疑让自己快速识破男友出轨，成功地避免了跟渣男纠缠的糟糕局面。细心、敏锐是小莹性格中的优势，而这个优势本不该成为一个"困扰"。小莹完全可以充分发挥自己性格的优势，使这个优势成为自己和身边人的"危险探测器"。当小莹完全肯定了自己性格的优势，也就更加自信了，反而在人际交往和职场都有了不错的发展。

小莹为什么会这样敏感呢？纵观她的成长史，可谓是一帆风顺。父母都是公务员，在一个城市的政府部门工作，父母一直在身边陪伴她长大，母亲是那种叱咤风云以工作为主说一不二的女强人，父亲反而是居家好男人，脾气温柔做得一手好菜，父母的婚姻看似也没有问题，比较稳定。小莹从小学到大学一帆风顺，本科毕业于985院校。可见有些偏执型人格跟基因关系不大，有的受到原生家庭和成长环境影响，有的则不然。

在 DSM-5 中也对偏执型人格的成因有一些描述，比如小时候在备受苛责、怀疑、充满敌意、危险重重的环境中长大，经常因为一点小事遭到严重的打击，等等。而偏执型人格的表现则体现为病理性的人际关系不信任、怀疑他人的忠诚、知觉到隐藏的危险等。猜疑是一把双刃剑，一方面确实能做到通过细微的风吹草动觉察环境中的危险因素，一方面也让偏执者面临生活中的人际关系困扰。

心理学家卢森在 2007 年的一项研究表明，早年被欺负的人日后患偏执症的风险可能会增加。受欺凌的儿童表现出一种内隐的认知关联，他们将自己视为受害者，并更多地使用情绪失调的表现来对他人进行先发制人处理。早期的不良生活经历，如欺凌，可能会导致认知脆弱性，其特征是自我和他人的负面图式模型会影响日常压力源的评估（例如，我很脆弱，其他人很危险）。欺凌可能会引发这些消极的图式信念，并进一步引发情绪困扰，导致偏执倾向的发生率更高。我们不禁发问，经常怀疑这个世界和他人很危险的偏执者能够做出一番事业吗？接下来我们将从历史人物、影视剧角色入手，带着大家一起领略偏执者那多疑且敏锐的直觉本能。

### 多疑成就了曹操吗？

古往今来，很多个性鲜明叱咤风云的历史人物让我们津津乐道。提到多疑，我的脑海里立马浮现出一个人——多疑的曹操。曹公多疑是三国历史中出了名的，其中有一段典故让人印象深刻。

一日曹操跟手下说："我夜里睡觉的时候不要靠近我，我可能会在梦中手起刀落，斩了靠近我的一切东西，这是我的习惯。"有一夜曹操在睡觉时被子滑落，贴身侍从见状，连忙把被子捡起来准备给曹操盖上，不料曹操手起刀落，侍从一命呜呼。第二天曹操佯装对侍从的死很惊讶（其实明知是自己怀疑侍从要刺杀他，从而拔刀将其刺死），他当众解释这只是自己睡觉的习惯，并再三嘱咐随从们在自己就寝时不要靠近。我们试想一下，贴身侍从啊，应该是非常信任的下人了，可是曹操还是对他们有猜疑，还是会担心侍从会加害于他。可见他充满了不安全感，对这个世界深深地不信任。说到曹操猜疑的形成原因，我们可以从他的成长经历中看到些许蛛丝马迹。

魏武帝曹操，字孟德，一名吉利，小字阿瞒，一说本姓夏侯，沛国谯县（今安徽省亳州市）人。曹操的出身一直让他备受质疑。曹操在宦官家里长大，父亲曹嵩是大宦官曹腾的养子，靠养父的地位入仕当官，在灵帝时升至太尉，所以曹操出身于靠宦官起家的官僚家庭。在他成长过程中屡屡遭受身边人的质疑和压迫，乱世之中不同于我们现在的和平年代，那个时候是需要拼尽全力来求生存的，他的成长之路如履薄冰、举步维艰，还伴随着周围人的诋毁。即使曹操长大后追求自己的事业时，也背负着出身不好的质疑和骂名。在那个尔虞我诈的东汉末年，群雄并起，曹操作为一支政治力量也逐渐崛起，通过自己的雄才伟略打出一片天下。

曹操曾经是别人深深信任的人，后来他又去刺杀这个信任自己的人（曹操刺杀董卓）。不知道是不是因为自己的行为让他更难相信身边人，此后曹操的疑心更重了。当年曹操还是董卓的一名爱将，因刺杀董卓失败一路逃亡，逃到了好友吕伯奢家，好友盛情款待。一日好友外出，曹操在家睡觉，突然听到外面朋友的家眷和仆人一边磨刀一边说"绑起来杀了"。曹操以为好友的家眷和仆人要杀掉自己，就把好友一家杀掉了。后来才看到厨房里绑好的待宰的猪，深深后悔，原来是自己错怪了好友一家。在出逃路上遇到了办事回来的好友吕伯奢，对方还带了酒说要盛情款待曹操，不料曹操一不做二不休把好友也刺死了。旁人不解，问曹操："之前是你不知道真相错杀了人，可是现在知道错怪人家了为什么还要继续杀人？"曹操说了一句"名垂千古"的话："宁我负人，毋人负我。"意思就是：宁愿我辜负天下的人，也不能让天下的人辜负我。这句话让人们更加认定了曹操是一个枭雄人物。曹操认为自己杀了好友全家，如果独留好友一个活口，日后肯定被好友报复，所以干脆全部杀光。听到这里，我们不免感叹，曹操真的是一个大奸雄。

既然猜疑使得曹操接连误杀了人，那我们换个角度思考，曹操的性格中如果去掉了猜疑会怎么样？他还可以成就一番伟业吗？他的猜疑是否在那个乱世中起到了对自己的保护作用呢？如果曹操的出身是那样的，想要有一番宏图伟业但身边的人都质疑、诋毁他，自己的理想抱负遭到别人的打击暗算，他却仍然不谙世事、单纯善良、轻信于人，是否就如同其他宫斗戏一样，在第一集就被敌人用计谋杀害了？那样我们就看不到三国里"东临碣石，以观沧海"的传奇人物曹操了。

古今多少事，都付笑谈中。在这个历史故事中，我们对猜疑有了更立体的认识，即猜疑对于偏执者来说，具有一定程度的保护自己不受伤害的作用。本书所指的偏执者中，有相当一部分人的性格中具有猜疑的成分，可能没有到曹操那么夸张的程度，因为我们毕竟是在和平年代，但是不可否认，猜疑本身所带来的警觉性提高，会在一定程度上保护自己。猜疑本身具有功能性。我们只需要把猜疑这个特质用到合适的地方，甚至可以在自己专注的领域有所建树。

**即使是自己爱的人也要设置考验——魏渭为什么被安迪拒绝**

有次我被问到一个问题："如何用这短短的一生，去体验尽可能多的生活方式？"

我给出的答案是，看电影。

看电影的好处是，可以体验百款人生、百样情绪、百种结局。当电影结束，我们立刻被片尾的字幕拉回现实。还好我不是电影里的谁谁谁。但在观影中，我们在短短的播放时间里跟电影人物同呼吸共命运了。如果我们想走进偏执者的真实生活，看到他们的局限与不足、天赋与创意、隐忍与坚持，那么我们可以从影视作品里去接近他们，跟他们同呼吸共命运，沉浸式体验偏执者的百种人生。

北京大学心理与认知科学学院临床心理学副教授钟杰博士曾经教授我们硕士班的临床心理学课程，带着我们从病理心理学角度理解不同的人格障碍。后续我又参加了钟老师的性格分析与人物塑造课程，通过电影中的人物特征了解了不同的人格及其表现。电影《流浪地球》更是邀请到钟老师担任该片的心理科学顾问。钟老师曾使用精神分析客体关系理论对互联网电影资料库（Internet Movie Database，简称 IMDB）中评价为优秀的影片进行角色性格与人物关系分析。

我们在对偏执者的分析中也会应用到大量的影视人物。影视作品往往把人物的性格特点刻画得更加鲜明，使得人物个性非常有辨识度。所以我们后续将在每个小节都列举出大家耳熟能详的影视作品中具有这种特质的代表人物。

提到荧幕上塑造的疑心重重的人物，不得不提到《欢乐颂》中的魏渭、《潜伏》中的李涯。《欢乐颂》这个剧热播的时候很多人不喜欢魏渭，主要是因为在剧中的人设显示出这个人的心机和疑心比较重，做任何事情都有自己的目的，甚至有时候会为了达到自己的目的而不择手段，没有顾及他人的感受，只在乎自己的目的是否达成。很多人觉得这种人在生活中也是比较可怕的。但也有人觉得，魏渭的这些多疑的举动是非常能够理解的，并且魏渭安排的很多环节其实也是为了帮助和启发安迪对自我有更深的了解。

我们来追溯一下魏渭的多疑是如何形成的，以及他的多疑是如何促进安迪的个人成长的。首先，他是白手起家的企业家，从一开始的草根阶层晋身为成功的投资人，多半是在底层经历了种种钩心斗角、机关算尽才能走到一个很高的位置。魏渭跟安迪在一起的时候，会处心积虑通过各种场景来考验安迪。比如魏渭知道安迪是孤儿，跟弟弟分离多年，就设计安排安迪与生父见面，观察安迪失控的反应。虽然有点点残酷，但是对安迪的个人成长算是跨越了一大步，在此之前安迪迟迟不敢正视和面对自己的身世。魏渭这种颇有城府的对人性的考察，淋漓尽致地体现了他想要把一切不确定的事情变得确定的期望。他甚至想要把控所有的细节，这种走一步看一步的小心翼翼，用在事业上可能会帮助他取得成功，这也是我们说的偏执者的猜疑和敏锐所带来的福利。比如这在创业方面给自己带来的利益也是非常大的。但是在剧中谈恋爱的情景下，安迪显然不吃这一套，但这种试探反而激发了安迪内心深处对真正的自我需求的探索，安迪更加确定了什么是自己不想要的。从一开始，魏渭用网友见面的方式，以"奇点"的身份出现在餐厅中，低调、试探，细致观察，深藏不露，处处显示出一个成熟且思维缜密的企业家的心机与谨慎。

有一个情节让人印象深刻，魏渭跟安迪去福利院，在安迪给养老院送钱赞助的时候，魏渭告诫安迪说"不要一次性给太多，不要去考验人性"。相对于福利院院长的单纯善良，魏渭的这句话显示出他不太相信人性这样的底色。对身边所有人的猜疑让他感觉到世事的变幻莫测，所以做任何事都想要掌控全局。

对于多疑的人来说，世界是不安全的，别人是不安全的，所以要处处提防，小心被人下套，要处心积虑，经过层层考验，才能爬到很高的位置。即使是遇到了心动的人，却还是要设置种种考验。我们可以说，魏渭在做事业方面是一个成功的投资人和企业家，他白手起家，靠着自己对人性的敏锐洞察走到很高的位置。偏执者的猜疑和敏锐在魏渭这里体现得淋漓尽致。这些特质让他取得了事业上的成功，在剧中却因为这种性格气质的不匹配，没有追得美人归，获得安迪的欢心。

其实在现实生活中，有很多女性非常喜欢成功、稳重、洞察人性、老练的"成熟男人"。话说回来，其实魏渭年龄并不算很大，只是笑起来满脸褶子，那种与实际年龄略微不匹配的久经风霜的沧桑感，是从底层爬上来的奋斗烙印。我们其实也会发现，在现实生活中，很多务实的女性会选择与魏渭这样的人结婚。究其原因是因为彼此需要。魏渭需要一个可控的对象，起码是在他的算计和掌控之中。做投资的人，是要时时刻刻考虑风险和收益的。而如果遇见的另一半单纯没有心机，通过了魏渭的层层考验，是完全可以匹配成功的。从剧中我们可以了解到，魏渭是一个疑心比较重而且比较强势的人。他不喜欢事情脱离他的掌控，喜欢替别人做主。对于那些喜欢让男人为自己做主的女人来说，魏渭这种类型就是个香饽饽。只能说是安迪在那个阶段不喜欢魏渭的处心积虑和猜疑试探带来的压迫感而已。可是如果伴侣是讨好型、受虐型或者依赖型的人格，配上一个时时刻刻紧张你出轨的另一半，那应该是非常精彩的一对儿，我们会发现他们爱得张力满满并且轰轰烈烈。只能感叹，魏渭没有在对的时间遇见对的人，一片真心错付了，但是也通过自己的层层考验印证了安迪跟自己是不合适的。从魏渭的成功经历来看，做事情坚持并且能够成功的人，只有所谓的毅力是不够的，甚至是要有一些偏执，有一些固执，坚持相信自己，才能够取得成功。我们都说商场如战场，首先要敏锐地嗅到商机，其次竞争对手就是敌人，利润如果你多就是我少，人性和道义的博弈，怎么能不算计和猜疑？猜疑和敏锐如果用在适合的维度，是非常值得赞赏的特质。

## 《潜伏》中的李涯——"让人又爱又恨、一片赤诚、忠于理想"的荧幕形象

《潜伏》中最让人难忘的配角，李涯算是一个。一开始他处处针

对余则成，让人恨得牙痒痒，到最后被打了一耳光委屈地含着眼泪说为了孩子，观众却又觉得此人一片赤诚，对他又爱又恨甚至有些怜惜。一个年轻的小伙子，不谈恋爱，不婚不育，一心搞事业，不为功名利禄，只为了忠于自己的信仰，为了孩子。李涯这种赤诚的"愚孝"单纯又热烈，像飞蛾扑火，为了寻求自己的信仰，不惜粉身碎骨。不得不说祖峰老师演技精湛，把李涯这个人物刻画得入木三分。非常巧，我们分析的两部影视剧作品，都是祖峰老师塑造的人物。用幽默一点的话说，在大众审美中，可能会认为他长了一张处心积虑、心机重重的脸。让人感觉到这个人可能过得比较辛苦，经历过很多挫折。

其实在实际生活中，祖峰老师在北京电影学院任教，是一个较为严肃的老师。他自我评价说，作为演员我们都会想尝试多种角色，私底下自己的性格会比较安静。谈到为何能塑造出如此个性鲜明令人难忘的角色，祖峰老师说，从某种角度来说自己和李涯是相似的，就是纯粹的"一根筋"，对工作非常执着。在我们看来，这种对理想、对事业的坚持，就是性格中偏执的成分。让一个表演专业的偏执者去饰演一位精明、执着、善于怀疑的角色，其结果是演技浑然天成。

回到剧中。李涯这个人物作为军统特工，其性格沉着、精明、执着、多疑、敏锐、敬业、忠诚（虽然后来看来是愚孝），而且心思细腻，做事干练。在剧中最大的遗憾：通过自己敏锐的直觉，印证了自己的怀疑，发现了余则成真实的身份，但是至死都没能除掉余则成，使其真实身份暴露在大众面前。抛开信仰不说，李涯的机敏和怀疑，每次都在点子上，也证明了他的能力是非常强的，只可惜站错了队。作为看戏津津有味的观众，我们非常感谢有李涯这么一个鲜活的剧中角色的存在，他每一次的机敏和疑心都牵动着观众的心，也将余则成的故事线衬托得充满张力，让剧情跌宕起伏、扣人心弦。

此外,偏执者的疑虑经常会是令人惊奇的存在。让很多人意外的是,偏执者的猜疑和敏锐的本能反应往往都能在现实中印证。偏执者嗅到了危险和背叛的气息,他们往往在风吹草动中明察秋毫,第一时间靠着直觉判断出情况不太妙,从而选择其他的防御方式,或者迎战,或者远离。

**生活中的偏执者——睡觉时放把铁锹在床边的姥爷**

在我眼中,我的姥爷是一个非常可爱的老人。妈妈曾经跟我说,在去世前那几年,每次她做好了饭,姥爷总是怕她在碗里下毒,就要求妈妈先吃一口,然后观察妈妈的反应,看着妈妈没事,然后自己再吃。妈妈当时觉得又好气又好笑,怎么还怀疑起自己的亲生女儿了呢,笑称姥爷是"老转小""糊涂了"。但其实我们都知道,姥爷一直是一个非常谨慎敏感的人。姥爷这样多疑的性格,无疑是在他出生的年代遭受迫害的产物。而胆小、谨慎、敏感、反应快这些特质,也曾一度保护姥爷从兵荒马乱中走出来,保护了自己的家庭。

姥爷小名叫书旗,出身贫困,还没长大就跟着别人一起出去做红白喜事赚钱,学吹唢呐。因为他很瘦小,总是被欺负。那时候别人蒙上他的眼睛,让他边走边吹,他非常害怕,跌跌撞撞,一边吹一边哭,而那些人却哈哈大笑。还有几次,走到陌生的村庄,吹完唢呐对方不愿意给钱,还追着他往死里打,他吓得一路仓皇而逃,最后走投无路爬上了树,浑身发抖趴在树上,好在最终那些人没找到他,就这样躲过了一劫。

姥爷书旗长大成人之后,命运也没有对他好一点。第一个妻子生孩子的时候大出血,一大一小死亡。姥爷和姥姥玉珍是二婚,之后生了3个孩子,其中一个女儿6岁去邻乡走亲戚突然患脑膜炎死亡，儿子 12 岁时患白血病死亡。谁经历过这种生死离别的痛？谁经历过这些之后还能不敏感脆弱呢？

妈妈讲到姥爷生前的事，都是发自内心深深地为姥爷骄傲。妈妈经常给我讲述姥姥和姥爷的神仙爱情，以及姥爷为了保护家人不受欺负敢于抗争一切的故事。他遇到事情反应很快，第一时间想办法，总能想到好办法。

姥爷为什么睡前一定要在床底下放铁锹呢？除了年少的时候命运多舛，这种被迫害的阴影也源于他最爱的人（姥姥）经历的噩梦。姥姥曾经在半夜三更被人拉走，家被抄了，家人当着她的面被打死。姥爷知道姥姥内心最深处的恐惧，一个弱女子在危险面前能做什么呢？姥爷能做的也不多，但是他愿意用自己瘦小的身躯挡在最前面，为爱人遮风雨。姥姥之前曾经是地主的女儿，从小养在深闺中，熟读四书五经，精擅女红，每日坐着轿子去听戏是她的日常。姥姥的家人就这样一直宠着她到 28 岁（要知道在那个年代大部分女性 14 岁就结婚了），找了一个隔壁乡的也是富豪地主家的儿子（门当户对），高大俊朗，两人生了一个大胖小子，就是后来的我的大舅。然而变故很快就来了，姥姥的丈夫遭到了抓捕，一个美好的家庭在一瞬间四分五裂、家破人亡。姥姥的丈夫被吊起来，一帮人揪着姥姥让她眼睁睁看着自己的男人被打死。然后姥姥被抓走，流放到南山，做苦工，服劳役，还一边带着嗷嗷待哺的大舅。那段经历对姥姥来说就是人间炼狱。她几度想要去寻死，但看着襁褓中的婴儿又含泪坚持。遭遇重创的姥姥精神一度崩溃，再也无力去反击任何伤害。

这个时候，这个叫书旗的瘦小伙儿一直在默默关注着她，竭尽全力帮助她。除了痛失亲人的同病相怜，还有心疼和深深的爱慕。从此以后，他们就是彼此的矛和盾，进能帮你战斗不受欺负，退能守好母子护你周全。姥爷用一生兑现了这句话。

姥爷的成长经历跟姥姥完全不同，但却同样是被命运毒打过的人。姥爷之前是姥姥家的一名下人（当过一段时间长工），身材瘦小，人机敏但不起眼，姥姥从来没有正眼瞧过他。姥爷在姥姥遭遇最惨的时候，每天嘘寒问暖、倾力相助。后来他们结婚了，一共生了3个孩子，但只活下来我妈妈这个最小的女儿。而抄家、丧子、颠沛流离这些悲惨的经历，让姥爷的偏执和敏感变得更加严重。我甚至在后来猜想，姥姥后半生的从容豁达，或许正是因为姥爷替她呈现了"偏执敏感护犊子"的那部分。所以姥姥不用那么辛苦，姥爷变成了一有风吹草动就整夜踱步不睡觉的那个人，姥姥反而可以放心安睡。因为爱着你的爱，所以痛着你的痛。偏执者的深情，就是这么纯粹，毋庸置疑。

　　根据妈妈回忆，我姨妈生得很漂亮，有天穿着蓝色缎子做的小棉袄跟人家去远乡走亲戚，结果突然生病（说是脑膜炎）死在了那里。那个年代没有什么条件看医生，也没有发达的通信，是第二天才知道噩耗，可能是生病也可能是其他人为意外，总之被接回来的时候身体已经僵硬凉了。姥姥哭得几度昏厥。另一个早夭的是我小舅。妈妈告诉我，她印象最深的是少年时期的小舅给她编的故事：吃驴屎蛋。那个年代大饥荒很多人都没有饭吃，小舅骗她说驴屎蛋可以吃，并且很好吃，边讲故事边表演得绘声绘色，妈妈信以为真都馋到咽了口水。妈妈回忆里的小舅长得清秀好看，永远是一副清瘦少年的样子，养到12岁，因为白血病死了。到最后县里医生说这孩子救不活了，姥姥问小舅："你最后还有什么愿望啊？"小舅奄奄一息地抬起几乎睁不开的眼睛，说要回家，最后死在了家里。姥姥姥爷再度悲痛欲绝，再也无法承受任何打击了。

　　经历了两个孩子的夭折，姥姥姥爷更加珍惜最小的孩子——我的妈妈。姥爷在那以后，一有什么风吹草动，就抄起铁锹，拿东西砸门砸得咣咣作响，一边冲门外大喊让坏人滚出去，然后一夜睡不着觉，来回踱步或者坐在那里，保持整夜的警觉。姥爷在任何时候都胆小谨慎，对可能存在的威胁非常敏感。妈妈小时候遭到别人欺负，姥爷虽然瘦弱又胆小，但是仍然能第一时间抄起锄头去跟别人讨公道，这种舍身维护家人的勇敢和护犊子的态度让妈妈很感动。从此，床边放着铁锹，听到门响就跳起来朝门外大吼说着"小兔崽子别进来，我不怕"的姥爷，深深地印刻在了妈妈的记忆里。

　　姥爷老年的时候，越发胆小敏感疑心重了。有一次听闻有贼在附近作案，姥爷就十分紧张。有一天晚上妈妈上夜班，爸爸正好也出差了，姥爷一个人在家。他把门从里面反锁，又拿出了铁桶铁锹堵在门口。他搬了一个小凳子坐在二楼，跷起二郎腿，对墙外大喊"小兔崽子，你要敢来我就打断你的腿"。后来突然有人"咚咚咚"敲门，姥爷立刻拿起铁锹去门口铁桶那儿敲得咣咣作响，一边对外呵斥。然后没声音了。第二天妈妈下班回来，姥爷就一病不起。后来妈妈为了让姥爷好起来，找到了邻居老王，请求他帮个忙。跟他说，你假装来看望我爸爸，然后说昨晚上是你敲的门。就这样，老王配合着演了一出戏，姥爷立马病就好了。

　　在去世前最后几年，姥爷怀疑妈妈做的饭有毒，妈妈说一点也不因此怨恨他。他的性格就是这样，或许这也是一种为了生存而采取的保护自己的措施。猜疑，是为了杜绝危险，是为了自己的生存，在那个时代没有这一份警觉早就死在一片混沌之中了。因爱偏执，因爱多疑，偏执者的多疑会安放在自己看重的家人身上。

　　我们知道一个人人格的形成跟早期的经历有关，尤其是偏执型的性格会在一些早期遭到过迫害和不公平对待的人身上显现。姥爷的多疑和敏感，甚至有一些被迫害妄想，放在一个普通人身上会觉得反常，但是，放在命运多舛、有着被迫害经历的姥爷身上，我们却完全可以理解甚至觉得合情合理。

> **给偏执者的建议**

　　猜疑是一把双刃剑，我们都期望把它用到最好的地方，比如利用敏锐的直觉勾出人性的试金石。疑心重但不乏雄才大略的性格使曹操成了魏王。步步为营、处处提防使得魏渭取得事业的成功。机智敏锐、直觉超准的李涯一眼识破余则成的伪装。所有这些偏执者的故事，构成了我们对他们的立体认知。不免感叹，偏执者的特质如果用在正确的方向，是非常有利于个人成功的。或者，即使没有丰功伟业和事业成功，至少，猜疑和敏锐的直觉，在那时那刻那样的环境里，是具有拯救他们的功能的。猜疑是偏执者对这个世界的防御方式，而这个盔甲也曾保护着他们一路走到今天。

　　东野圭吾所著《白夜行》的书评写道："世上有两样东西不可直视，一是太阳，二是人心。"猜疑本身具有一定的功能性，用到正确的地方就可以有效地保护我们。大浪淘沙，经过筛选后留下来的都是值得信任的人。希望每一位偏执者都可以跟自己的爱人心无芥蒂地在太阳底下手牵手度过一生。

# 勇于挑战权威的人，更能创新

　　提到偏执者，我们总会在脑海中浮现出他们的形象。例如他们一直在怀疑，一直在抗争，坚持自己的主张，敢于挑战权威。因为偏执者谁都不信，更别提你说你是权威了。勇于挑战权威并且一直坚持自我主张而后勇敢创新的人，大家都想到了谁呢？古往今来，人类的科技和物质文明、精神文明一直在发展着。事物的发展变化必将带来一番革新，新的思潮取代旧的、固有的思想。但如果这些思想是根深蒂固难以撼动的怎么办呢？偏执者从来都是不怕挑战的，敢于质疑和挑战权威。比如，每个人在上学的时候都学过的教科书上的故事，被称为科学界美誉的"比萨斜塔实验"。

**从质疑中发现真理**

古希腊著名思想家亚里士多德曾经断言：物体从高空落下的快慢同物体的重量成正比，重者下落快，轻者下落慢。1800多年来，人们都把这个错误论断当作真理而深信不疑，直到16世纪，伽利略才发现这一理论在逻辑上的矛盾。伽利略说，假如一块大石头以某种速度下降，那么，按照亚里士多德的论断，一块小些的石头就会以相应慢些的速度下降。要是我们把这两块石头捆在一起，那这块重量等于两块石头重量之和的新石头，将以何种速度下降呢？如果仍按亚里士多德的论断，势必得出截然相反的两个结论：一方面，新石头的下降速度应小于第一块大石头的下降速度，因为加上了一块以较慢速度下降的石头，会使第一块大石头下降的速度减缓；另一方面，新石头的下降速度又应大于第一块大石头的下降速度，因为把两块石头捆在一起，它的重量大于第一块大石头。这两个互相矛盾的结论不能同时成立，可见亚里士多德的论断是不合逻辑的。伽利略进而假定，物体下降速度与它的重量无关，如果两个物体受到的空气阻力相同，或将空气阻力略去不计，那么，两个重量不同的物体将以同样的速度下落，同时到达地面。

这个25岁的小伙子伽利略为了验证自己的观点，推翻权威的错误说法，在1589年的一天，同他的辩论对手及许多人一道来到比萨斜塔。伽利略登上塔顶，将一个重10磅和一个重1磅的铁球同时抛下。在众目睽睽之下，两个铁球差不多是平行地一齐落到地上，众人当场哗然，这个出人意料的结果惊呆了现场所有人。面对这个无情的实验，在场观看的人个个目瞪口呆，不知所措。

"比萨斜塔试验"作为自然科学的实例，为实践是检验真理的唯一标准提供了一个生动的例证。而伽利略也成了勇于挑战权威、富有创新精神、不达目的不罢休的代言人。从质疑中发现真理，打破权威神话，这是偏执者"勇敢"于其他人的地方。

## 守仁格竹创立新学派

我国古代也不乏勇于挑战权威的例子。有一人敢于质疑长期统治中国的官方哲学，提出自己的新学说，被传为佳话，并为后人所敬仰，这个人就是明朝杰出的思想家、文学家、军事家、教育家王守仁（号阳明）。他创立了全新的"阳明学派"（世称"姚江学派"），成为心学集大成者，从而闻名海内外。在历史上，王守仁勇于质疑传统思想，在实践中寻求新思想的故事广为流传。王守仁13岁的时候母亲郑氏去世，这给了他不小的打击。但是他依旧志存高远，心思不同于常人。有一日他读到朱熹的格物致知，便去亲身实践，不达目的不罢休，用了七天七夜去观察竹子的生长，最后病倒了。试想一下，如果不是性格中有偏执的成分，普通人哪里可能用七天七夜来观察一棵竹子的生长啊！病倒以后，王守仁对"格物"学说产生了极大的怀疑，这就是中国哲学史上著名的"守仁格竹"。后来王守仁对《大学》的思想也有了自己新的领悟。经过"龙场悟道"与战场的实战经验，王守仁打破传统观念，创立了新的学派。

王守仁反对把孔、孟的儒家思想看成是一成不变的戒律，反对盲目地服从封建的伦理道德而强调个人的能动性。他提出的"致良知"的哲学命题和"知行合一"的方法论，具有要求冲破封建思想禁锢、呼吁思想和个性解放的意义。

## 当你泥足于井底，他无畏地畅游于海天之际

上面这句话是《三傻大闹宝莱坞》的片头曲《他如风一般自由》的歌词。这部豆瓣评分9.2分的电影，看过的人都直呼值得这个高分。里面有很多金句也让我们印象深刻。

"你这么害怕明天，又怎么能过好今天？"

"入学那天，你问了我一个问题，为什么宇航员在太空中不能用铅笔？如果笔尖断了，笔尖会因为失重漂浮在空中，进入眼睛、鼻子、仪器。你错了，你不可能一直都对，你明白吗？这是一个重要的发明（指太空笔），你知道吗？我的院长说，等你遇见和你一样卓越的学生……去，学习去，考完试就滚……"

"为什么要把缺点公之于众呢？好比你缺铁，医生会给你开补铁药，但不会到电视上说你缺铁。"

第一句台词，不仅仅是一个"勇"字就能概括的，更多的是对未来的大无畏精神。而创新就是推翻旧的，提出新的，如果没有那份果敢和勇气，是没有办法创新的。勇气也许不能让你把所有的事情做对、想对，但是勇气能让你不断地去打开新的局面，去创造。

第二句台词，你不可能永远都对。这是敢于去推翻其他意见的勇气底色。

第三句台词，无形中贴切了此书的用意，我们把偏执者的性格特征拆分来讲，就是为了让每一位偏执者能够吸收心理医生开出来的"补铁药"，更好地发挥自己性格中的优势，把优势应用到合适的地方去，而不是到处跟人宣称"我是偏执狂，离我远点"。

电影描述的是3个好朋友去了帝国工业学院学习，那是一所近乎封闭的学校，像一个微缩的小宇宙，一切人和事都按照其内部的条条框框按部就班地运行转动。病毒校长作为权力和规则的象征，屹立于这一小宇宙的中心。而主人公兰彻对帝国工业学院的教授与学生们，以及校长的权威性不断发出挑战。大家都知道印度的考试制度是非常残酷且竞争激烈的，在这场千军万马过独木桥的竞争中，遵守规则而成功的典范是校长，不遵守规则而成功的典范则是主角兰彻。兰彻一直在挑战权威，对保守的观点、生活态度进行更高维度的创新，以至于有人觉得这是一种"活佛"般的超脱。一直按照自己理想的意愿生活也不失为一种执着。

在我们现在的社会里，教育制度、高考制度也是一样的按照规范来进行。也有专家抨击过高考制度的弊端。但是否有人有足够的勇气去挑战权威，像主角兰彻一样活出自我呢？值得我们深思。

**印度史上第一位获得世界大赛冠军的女摔跤手**

吉塔，是印度第一位在英联邦运动会夺冠的女摔跤手，同时也是印度史上第一位获得夏季奥运会摔跤资格的女选手。《摔跤吧！爸爸》向我们讲述了这样一个故事：电影中的爸爸就是一位有着偏执情怀和创新思想的父亲，如果没有挑战旧传统的勇气和偏执，就没有冠军的诞生。在印度极度重男轻女的社会环境中，培养出世界冠军级别的女摔跤手，是非常具有难度的事情。《摔跤吧！爸爸》是由尼特什·提瓦瑞执导的一部印度电影，取材于印度著名摔跤手马哈维亚·辛格·珀尕的真实故事。

吉塔的父亲是马哈维亚，这位爸爸有一个世界冠军梦，尽管他拿到过全国冠军，但却没能站上世界大赛的领奖台。抱着这个遗憾的他只能将自己的梦想寄托在儿子身上，然而事与愿违，马哈维亚一连生下四个女儿。

在印度的传统习俗中，女人是不能参与摔跤这项运动的。爸爸马哈维亚在一次女儿与邻居家孩子的打斗中，发现了女儿的摔跤天赋，从此冒出这样一个石破天惊的想法：教女儿学摔跤。这在当时的情形下是史无前例的事情。他凭借着一股偏执劲头，力排众议，说服了妻子，帮女儿报了名。他带女儿去一级一级地打比赛，再根据实战情况训练女儿的技术，以偏执的影响力来磨炼女儿的心智，并逐渐打破困局，助力女儿在一次次的比赛中夺得名次，每一步都彰显偏执者的性格优势。如果不是偏执，可能他早就在身边人的打击和嘲讽下放弃了。要知道印度重男轻女的传统思想根深蒂固，吉塔学摔跤，不仅身边的人不理解，去参加比赛时也是屡屡遭受歧视。然而，在爸爸马哈维亚的帮助下，吉塔的摔跤技术进步飞快。从小型比赛到全国摔跤比赛，吉塔一路过关斩将，拿到全国摔跤大赛冠军后，进入了印度体育学院。此后，在英联邦运动会上，吉塔击败了澳大利亚选手夺得冠军。这是印度史上第一位获得世界大赛冠军的女摔跤手。

在印度这样的社会环境里，没有爸爸马哈维亚的支持，没有他不管不顾身边人的反对和质疑，就没有冠军的诞生。毫不夸张地说，在印度一些非常贫穷的家庭里，父亲绝对是可以决定女儿的生死大事的。童婚，过早地生育孩子，不断被榨取剩余价值，让印度女性很难在家庭之外发展自己，更别提成为世界冠军。这位非常执着甚至偏执的爸爸，敢于打破常规，谁说印度不能有女摔跤手？在爸爸的影响下，几个女儿也非常勇敢，有毅力。最终我们看到影片的结局，他们做到了，推翻固有的制度，赢得了整个社会的赞誉。在真实的生活里，马哈维亚的四个女儿中，有三位成了世界大赛冠军。一家出了三位世界冠军，吉塔和她的姐妹们早已成为印度家喻户晓的明星。这是一位偏执的爸爸，而整个印度，都要感谢他的偏执，为国家培养出了三位世界大赛冠军。

双兔傍地走，安能辨我是雄雌？

什么是打破常规？什么是旷古一人？什么叫勇？我国古代历史典故花木兰替父从军的故事，就给了我们答案。花木兰在我国的九年义务教育教材里出现，她的故事也是妇孺皆知。

刘亦菲主演的电影《花木兰》，让国内外的网友看得热血沸腾、热泪盈眶。电影里女儿冒充男丁替父从军是犯了欺瞒之罪，是要被砍头的。在那个年代，也极少女性在战场厮杀精忠报国的先例。这种替父从军的冒险行为，搞不好就会招来杀身之祸，并且旧的规定也不允许女性这么做。花木兰敢于打破常规，功成名就之后也并没有惧怕权威，不卑不亢，拒绝高官厚禄，返乡与家人团聚。在那个年代，女扮男装去战场我们不能称之为创新，甚至可能是有些"逆反"。这种大无畏的反叛精神，精忠报国的执着信念，被后人深深敬仰。

我小的时候，因为妈妈爱听戏（这也是受姥姥从小听戏楼的影响），我也耳濡目染听过一些选段。其中，《谁说女子不如男》是常香玉演唱的豫剧选段。在1952年10月全国首届戏曲观摩演出中，常香玉演出此剧获荣誉奖。后来这个戏剧选段被小香玉用铿锵有力的唱腔唱响春节晚会之后，我对之印象最深的就是"谁说女子不如男"。歌词历历在目，也颇有深意，以至于我在看到歌词的时候，会自动在脑海关联出声音，这是一段带声音的文字。我们一起来感受下传唱的经典：

> 刘大哥讲话理太偏，谁说女子享清闲
> 男子打仗到边关，女子纺织在家园
> 白天去种地，夜晚来纺棉
> 不分昼夜辛勤把活干，将士们才能有这吃和穿
> 你要不相信哪，请往这身上看
> 咱们的鞋和袜，还有衣和衫
> 这千针万线都是她们连哪
> 许多女英雄，也把功劳建
> 为国杀敌，是代代出英贤
> 这女子们哪一点儿不如儿男

### 给偏执者的建议

我们身边的偏执者，确实非常勇于挑战别人的观点甚至是权威。我曾经接到过一宗个案，案主是非常典型的偏执型。她连续

打了 5 年官司，认为自己总是受到公司的不公正待遇。她觉得现有的规则不能很好地避免她受伤害，所以就不服法院判决结果，一路告上去，谁劝都不听。其实她所遭遇的一切，在我们眼里是正常的细微纠纷而已，却被她不达目的不罢休的执着精神给拖累了好几年，弄得人也很疲惫，并总是感叹世事的不公平。这就是临床上典型的偏执型人格。

我们所说的偏执者，可能并不会发展到如此地步，但是也需要注意。较真和挑战别人的信念，只相信自己的直觉，并能坚持到底是偏执者的本能。将自身的这些特质应用到正确的方向，比如在研究领域推陈出新，提出经过实证研究的结论，或者在发明创造上独树一帜，悉心研究，推出独具风格的专利产品，也是非常棒的。某些勇于打破常规，自身专业能力很强的偏执者甚至可以成为某行业颠覆性革新的典范。

# 谨慎，是因为万事开头难

我在微博开设有自己的问答专栏，经常收到很多网友提问。其中有一个网友苦恼于自己既偏执又谨慎的求助帖，很多人在下面跟帖回复，说因为这种性格导致自己谨小慎微，非常在意旁人跟自己的对话，细致观察，去抓取很小的细节，判断这个人怎么样。然后非常谨慎地回复别人，谨慎自己说出去的每一句话，说出口的句子都经过思量。这样使得自己非常累，可是又不能克制自己。

可能这是一些偏执者共同的苦恼。我们知道有一些特质是中性的，比如谨慎本身并没有错误，只是过犹不及。过于谨慎自己的言行，很小心地开始一段关系，谨小慎微，可能让自己被这种感觉所裹挟，精神变得不自由。

## 觉察到别人所注意的细节

我近些年一直在高校执教心理学,并负责学生的心理咨询工作。有一次,我在公开课上跟学生们做欧卡游戏。OH(欧)卡也叫"潜意识投射卡"或者"潜意识心灵图卡",是由德国的人本心理学家莫里兹·艾格迈尔与墨西哥裔的艺术家伊利·拉曼在20世纪80年代初共同创作的心灵图卡。我们知道投射是一个人将内在生命中的价值观与情感好恶影射到外在世界的人、事、物上的心理现象。潜意识心灵图卡则充分运用了投射原理,来访者将自己最在意的那部分经历投射到卡牌上,然后再通过描述卡牌的过程,来绕过描述自身事情可能产生的道德批判和防御,直接达到令潜意识意识化的目的。这些卡牌中的图像卡花花绿绿,人物头像也都不同于我们平时看到的图画,毕竟是墨西哥裔的艺术家,卡牌有着异域风情的颜色搭配。

【案例三十三】另类古怪的小云长期不被人理解,被同学疏远,被父母打骂。我把欧卡基础卡中的图像卡充分洗牌,让大家从我手中抽出一张,然后来表述他们对抽到的卡牌的感受。其中一位女生对卡牌的解读让我震惊不已,简单的一张牌被她解读出了6个细节和隐藏意义,图卡中的人不惜以死亡来跟生活抗争。这个学生是看起来安静内敛的小云,之后她预约了我的心理咨询。

我了解到,小云是一个非常注意洞察周围事物的女孩子。她头脑中奔涌着很多的想法,现实中却跟所有人保持距离,谨慎地说每一句话。她只有一个跟自己性格差不多的网友平时在网上交流。她告诉我说,有时候她一走进一间教室或者其他空间,就能感受到周围人的身体动作或者表情神态释放出的信号。她能在第一时间感受到别人对她的想法(比如外人评价她另类、古怪),然后她会在别人释放出拒绝信号前提前拒绝别人。她说,老师你不要看我只是坐在那里，但是校园里发生的一切事我都知道。这种远离人群，离群索居，刻意保持孤独，显得有些古怪的性格，或许在 DSM-5 中会被判断为有分裂样的倾向。因为长期不被周围的同学、朋友、家人理解（家人甚至因此打骂她），她变得有些偏执；因为不相信周围的人，所以就只能相信自己。她告诉我，情绪崩溃的时候，只能依靠自己，比如写作。而非常有趣的是，小云竟然凭借自己细腻的校园散文诗获得了好几次征文比赛的冠军。同学们都好奇这个获奖的神秘人是谁，他们怎么也不会猜到是平时默默无闻惜字如金的小云。班主任甚至没有发现小云的写作才华，还以为她是班级里不上进的学生，通过写作获奖这件事也让班主任对小云的看法大有改观：原来这个孩子虽然不说话，但是有这么细腻的内心世界啊。

　　了解过心理学的朋友知道，精神分析里会讲到，每个人都有自己的防御机制，写作其实是一种升华的防御机制。

　　我们把防御机制分为三种：原始防御机制、神经症性防御机制、成熟的防御机制。三种防御机制分别解释如下。

　　**原始防御机制**：我们知道弗洛伊德的本我、自我、超我。超我和本我有冲突以后，自我就启动防御机制，促进和谐以平衡，简而言之就是起到和稀泥的作用。自我有很重要的功能，比如自我运用不同的防御机制和策略，或者是你死我活，或者是矛盾转移 / 转嫁。所以原始的防御机制以"分裂"为核心，分裂指的是非黑即白。比如来访者出现躯体化或者精神病性的否认（否认现实出现的情况）、见诸行动（爱你就跟你走，恨你就砍了你）。这些都是原始防御机制的体现。

　　**神经症性防御机制**：常见于神经症患者或成年人应激反应时，主要有：压抑、置换、退行、隔离、反向形成、抵消、合理化等。压抑也可以被看作是其他防御机制的基础。任何一个其他的心理防御机制都是先在压抑的防御机制基础上，再叠加其他的成分，而后才变成其他的防御机制。

我们可以这么来理解压抑，它表现为主动地将痛苦的记忆、感情和冲动排斥到意识之外。在生活中，让我们产生压抑情绪的源头，或许是曾经经历过的危险，或者是违反社会伦理的情境，或者是某个时期羞耻的性唤起。

例如我们在电影情节中看到的某个主人公患上了"失忆症"或者"心因性遗忘"。区别于其他器质性病变导致的失忆，"心因性遗忘"通常就是一种压抑的防御机制。我们会发现患了"失忆症"的主人公看到某一场景，突然间眼睛湿润，紧接着泪流满面，但又不知道为何而哭，也不知道为谁而哭。这种情况就表明，很有可能主人公运用了压抑的防御机制。

**成熟的防御机制：**第一种是把攻击性合理地使用，比如当警察抓坏人；第二类合理利用比如我特别贪吃，那么可以当厨师，合情合理地尝遍美食。在这些成熟的防御机制中，我们把幽默称为非常成熟的防御机制。幽默就是把自己内心的防御机制觉知到，再以幽默的方式化解。写作也属于一种升华的防御方式。其中，压抑的情绪也可以用写作的方式来进行升华。比如最伟大的德国作家之一歌德。他写过的文字大家应该都记得，"未曾哭过长夜的人，不足以语人生"。他把压抑的情绪进行升华，把头脑中的构思和想象输出为写作，写出了《浮士德》。我们知道，一个人的动力、欲望、本能本身是灭不掉的，攻击性也是灭不掉的。所以很多我们看起来理智的人，究其根本是因为他们应用了成熟的防御机制。

综合以上，我们了解到成熟的防御机制有升华、幽默、理智化。然后我们再回到小云的身上，来看她是如何处理自己的麻烦的。

小云说，尽管从来不被理解，但她有自己的排解方式。她把自己的子人格写成3条故事线，不同的人格会在不同的空间发生不同的事情。而对于小云来说，这些不同的子人格就像是自己手工创造出的"孩子"。她作为赐予它们生命的造物主，有一种掌控感。而注重细节的她，正好可以把细腻的思想变为笔触来刻画想象中的瑰丽世界。有了精神意义上的陪伴和支撑，现实世界中的困难才能有地方消解。

谈到未来理想，小云告诉我她想去做一名心理医生。问及原因，小云告诉我，她周围的同学都特别喜欢跟她"倾诉烦恼"。同学无论跟她抱怨任何事，都会从小云身上得到深深的理解、共情的倾听、深层次的剖析。以至于小云在听完同学的吐槽和抱怨之后，感觉身体被掏空，因为她真的是在倾尽全力细腻地捕捉和回应同学的所有问题。这也导致她有些回避跟同学交流，因为过度地照顾别人了。但是她的同学却在交谈中感觉到非常舒服，因为小云的细致让朋友和亲近的人感到被照顾。我们在后续的咨询中，也跟小云确定了人际交往的界限和尺度，帮助她很好地把握了这一点，保护自己的情绪不过度透支。

### 谨慎，是因为万事开头难——偏执者都比较谨慎吗？

在这一节中我们讨论的重点是谨慎，那么有人会问了，偏执者都比较谨慎吗？我们并不能说每一位偏执者都是谨慎的，但是可以说，有一部分特定职业的偏执者是非常谨慎的，那就是医生、警察、侦探。

北大临床心理学家钟杰老师曾经教授我们临床心理学。钟教授在临床心理学中的人格分析应用领域——电影人物性格分析方面也颇有研究。他在编剧课的性格分析中曾经提到过一部电影《猫鼠游戏》，电影的英文原名是 *Catch me if you can*，可以直译为"有种就来抓我"，这是一个发生在美国的 FBI 探员抓捕高级金融犯罪分子的故事。

电影改编自弗兰克·阿巴格内尔的同名自传小说《猫鼠游戏》，

讲述了一个16岁离家出走的少年，在短短5年内变身飞行员、医生、律师，骗取银行200多万美元，最后锒铛入狱，却又意外反转，成为世界闻名的白领犯罪专家、金融安全顾问，与曾经逮捕过他的FBI合作超过25年。

影片中追捕罪犯弗兰克的FBI探员叫卡尔，由汤姆·汉克斯饰演。卡尔是一位典型的偏执者，并且用他的性格优势成功挽救了失足少年。莱昂纳多·迪卡普里奥饰演的是一个因为父母破产离异而出逃的16岁少年弗兰克。他在出逃的过程中认为只要自己靠各种手段变得足够优秀，赚到足够多的钱，父母就会和好并恢复原来的样子。然而，圣诞节爸爸妈妈跳着舞，自己拿着一杯牛奶在旁边幸福地笑着，这个场景已经被后来的现实冲击得支离破碎了。圣诞节一家三口温馨的场景有多么美好，后面的结局就有多么凄惨。

在大家被莱昂纳多·迪卡普里奥饰演的高颜值美少年吸引的同时，也有人注意到了《猫鼠游戏》中的"猫"——FBI探员卡尔。按照钟杰老师的话说，FBI探员卡尔就是一个不折不扣的偏执型。因为一般的探员（在国外那种环境），工作也只不过是一份养家糊口的职业，遇到非常难啃的案件无法追捕到犯人，也不会加班加点去研究。影片中有一个片段：其他同事都下班了，只有卡尔还在冥思苦想这个案子，甚至圣诞节也在办公室加班。根据剧情我们了解到，卡尔很早就离婚了，4岁的女儿判给了前妻，这是一方面原因。但是能够持续5年锲而不舍地追捕弗兰克，节假日不休息加班加点也要琢磨这一案件，真的是需要有一股偏执劲头才能做到。

而探员卡尔也是一个特别注重细节的人。由以下情节可以看出偏执者在谨慎和细节控方面得天独厚的优势。卡尔在第一次跟弗兰克正面交锋的时候虽然被耍，但通过弗兰克给他的钱包发现了其喜欢收集各种标签的癖好。他扫了一圈弗兰克房内的瓶罐，发现标签都被撕了。撕标签这个细节在电影一开始也提到过，刚开始在俱乐部的宴会上，弗兰克在撕红酒瓶上的包装，而所有探员中只有卡尔注意到了这个细节。在时隔几年后的一次突袭追捕中（在弗兰克的订婚宴上），卡尔在宴会楼下拿起一瓶红酒看了看瓶身，证明他就是靠这个瓶身上的细节来验证弗兰克是否在场的。

而细心的卡尔也发现弗兰克其实是一个孤独又渴望爱的孩子。我们从片名可以看出，其实他们两个是亦敌亦友的。卡尔在类似猫鼠游戏的追捕中并没有放弃弗兰克，并且是好几年都坚持不放弃。这是一种偏执的精神。正是卡尔的偏执性格促使他坚持不懈地改造这个不良少年，这份坚持和耐心将弗兰克的心融化，让他终于愿意安定下来，不再逃亡。而这一切，只有偏执者才能做到。

我们来看看探员卡尔是如何一步步以偏执的精神感动弗兰克的。首先，探员卡尔比其他人更加细腻，他发现了弗兰克厌倦了逃亡的细腻心思。弗兰克逃亡的原因是不想接受父母离婚的事实，他渴望得到家庭的温暖，重温以前的温馨。电影中有一幕，父亲破产后，母亲出轨被弗兰克撞见，当即拿了5美元给弗兰克做"封口费"。而弗兰克的父亲则是一位深谙骗术、口才非常好、能够蛊惑人的人，其破产后埋怨政府让自己遭遇了不公正的待遇，还鼓励儿子弗兰克"跟他们斗争到底，他们抓不到你的"。无疑，这样的父母给弗兰克树立了坏榜样。少年弗兰克认为，如果有很多钱，父亲就不会破产，父母也不会离婚，家庭就会恢复原来的样子。在家庭治疗中，很多孩子在得知父母婚姻破裂时，第一时间会产生自责，想到会不会是因为自己的原因导致了爸爸妈妈分开。这是孩子在家庭关系失衡的时候很自然的一个想法，尤其是比较小的孩子和处于青春期的孩子。弗兰克显然是抱着很大的期望才有了一系列犯罪行径。

由于偏执的精神，探员卡尔孜孜不倦地加班研究案件。在第一年、第二年圣诞节的时候，弗兰克打电话给卡尔，当时卡尔正在办公室加班。棋逢对手，两个同样孤独的人，靠着电话来问候，像是老朋友，又像是精神上的父子。弗兰克这种青少年罪犯，很大一部分原因是家庭因素导致的，其父母缺乏必要的管教和正面的引导。这些态度，我们从弗兰克第一次的欺骗行为就可以看出。弗兰克因为父亲破产转学到了另一所学校，因为他穿着制服，假装教师教授了一周的课程，最后组织学生去面包厂实习才被学校发现。学校通知其家长后，弗兰克的父亲竟然沾沾自喜，认为儿子足够聪明，轻易就耍到了别人。心理学家温尼科特曾指出，犯错的青少年如果在家庭内部得不到规训，会在社会上犯下更大的错误，这个时候如果父母不教训他，终有一天会有法律、少管所之类的社会力量去教训他。当青少年知道有人在给自己树立规则、教授自己这个世界的法律的边界时，反而有了一种"安定"感和精神归属。探员卡尔正是以自己的偏执精神给了弗兰克这样的归属感。

电影《猫鼠游戏》中，探员卡尔细腻地感知到了弗兰克的悲伤底色和需求。卡尔从法国到美国，为弗兰克做了很多事情，争取引渡，争取医疗等人道主义待遇，争取少年犯优待，争取监护保释，争取工作……他像一个父亲一样在拯救一个孩子，一个受伤的孩子，也希望弗兰克能够回到社会做正确的事、过正常的生活。弗兰克又开始感受到温暖，感受到爱。他信任卡尔，也对卡尔诚实，毫不犹豫地帮助卡尔，把自己知道的一切诚恳相告。但是 FBI 的工作让卡尔感受到巨大的压力，卡尔工作繁忙无暇顾及他的时候，他又故技重施，希望通过再次出走重新获得关注，获得重视，获得爱。他知道这样会加重刑罚，甚至死在异国他乡，但他不在乎，他只希望有个人能够在后面追他，时刻想着他，在最重要的节日能够和他通电话，让他心里感到慰藉。游戏似乎又要重新洗牌。

卡尔却能懂得弗兰克的心思。他质问弗兰克：你想永远漂泊居无定所吗？你想像以前一样靠谎言活着，没有任何朋友吗？最终，卡尔像父亲一样给了弗兰克方向和指引，当然，还有走上正道的稳定正规的工作。所以说卡尔跟弗兰克的关系好像精神上的父与子，这个时候游戏才真的终止了。只有在这一刻到来的时候，我们才能真正安心地告诉自己，这个孩子又找到家了。

该电影是根据真实故事改编的，现实生活中的弗兰克真的和FBI合作了25年，并且靠自己研发的防伪支票，给各大银行授权使用，每年都能得到几百万美元的丰厚利润。

我们前面提到，除了警察具有偏执、谨慎、细节控这些特点，侦探或者医生同样也有这些特点，他们的职业都必须注重细节。假如你是一个粗心且不能持之以恒的人，可能做不了警察或者医生。前段时间我的一位好友来北京旅游，顺便拜访我。她是一名医生，带着8岁的女儿来北京游玩过暑假。因为天气凉爽，我接到她们俩后就散步往回走，带她们走路拐了四条街到我家。吃完晚饭朋友竟然坚持不让我送，自行步行走回去。我很惊讶，因为我是从来不记路且没有什么方向感的人，更别提是去外地我从来没去过的地方。朋友顺利到达后给我发了平安信息，还说已经记下了我家附近沿途某个拐角的面馆、烧烤店等各种小吃十几个，下次有机会再来一一品尝。说实话，我自己都没注意到家附近的这些小面馆。这件事情从另一个角度讲，就是这位医生朋友是非常注意观察细节的。而她一路学医、从医十几年，从本科到硕士到博士，也是充满了坚持的精神的。

所以这个世界对偏执者是公平的，就像其他普通人一样，我们的特质有时候会让我们烦恼，可是一旦找到正确的途径，就会变得闪闪发光。

## 言行直率，内心必然是纯净的

偏执者由于只关注自己想要的，所以总是脱口而出自己的真实想法，有时候由于想法过于真实，会把身边的人吓到。但我们从另一个角度来看，这样言行直率的人，虽然直来直去，但是非常真诚，也不在意自己的偏执、执着是否会伤害到别人。这样会导致人际关系出现问题，或者知心朋友比较少。但是有一部分高功能的偏执型则会处理好自己的人际关系。在这里给大家解释一下什么是高功能。

高功能指的是这个人学习、事业、人际关系等功能正常，可以正常地生活和爱人。这里引用钟杰教授的话，即判断人正常和不正常的几个标准：（1）Love well；（2）Play well；（3）Work well。就是这个人如果可以"爱得好，玩得好，工作得好"就基本没什么大问题。这里称之为"3 well"原则。解释下来就是，一个人可以拥有爱人的能力，娱乐放松的能力，完成工作的能力，那基本上社会功能是不受影响的，即这个人的社会功能没有损伤。如果有一些日常生活中遭遇挫折产生的负面情绪，那基本处于神经症的水平。如果我们发现这个人不能好好爱人，没有爱的能力，也没有玩的能力，工作也一塌糊涂，那多半是出了一些问题。

继这个"3 well"判断标准之后，钟杰老师又细化出了7个维度，就是"7 well"：吃好，睡好，运动好，工作好，社交好，爱得好，心态好。注意了，看一个人功能好不好，需要看前6个功能，因为心态好并不是时时刻刻都能做到的。所以我们的偏执者如果想要让自己变得高功能，就可以从这几个维度来衡量自己，或者弥补自己的短板。这都是一些个人成长的途径和方式。

本章讨论的是"言行直率、内心纯净"的偏执者。他们又有什么样的特征呢？他们一般不太会考虑别人的感受，脱口而出自己的想法。

我有个女性朋友，其男友是典型的偏执者，心直口快、固执己见，喜欢控制一切。有一次朋友夸男朋友可爱，男朋友骄傲地说："对啊，我前女友也说我很可爱。"天哪，听到这句话朋友尴尬到脚趾抠地，并且心里也不是很愉快，然而对方却浑然不觉。最后两人不欢而散。

如果是言行非常谨慎、说话办事滴水不漏的人，肯定不会犯这种低级的错误。因为上一段感情已经明明白白结束了，两个人都是奔着开始一段新感情来的。可是此人却因为不考虑别人的立场脱口而出一些话，伤了女孩子的心，真的让人唏嘘。

【案例三十四】小萌，独立创业女性，因为事业发展困境前来咨询，经常与合作伙伴发生口角不欢而散。小萌告诉我们，她在创业，但合作伙伴总是让她不爽，然后产生争执闹不愉快。例如她总是要在交通上花很多时间才能到合作伙伴的场地开始工作，而对方竟然还要求她再等待1小时。她跟合作方大吼："我是受邀请来给你讲课的，凭什么让我等这么久啊！"小萌觉得不爽的原因是：她认为每次合作都是对方来策划组织活动，她还要跑很远过去，利润分配也缺乏公平。在咨询中我们了解到，小萌是做线下教育的，她要和每个城市的合伙人合作，由城市合伙人来组织会员参加活动。会员是合伙人在跟她合作之前就拥有的资源，那么作为没有会员资源的来访者小萌，当然需要飞到对方所在的城市去。并且在利润分配上，别人是把自己的会员分享给小萌来做营销，还要冒着会员被挖走的风险，自然利润分配上会有所倾斜。小萌从来没有试过从对方的角度看问题。我们反问她，如果你是城市合伙人，自己实体店有3万名会员，邀请合作伙伴来做线下教育课程发展会员，并且合作伙伴可能会挖走你的会员，那么你愿意给对方分几成？小萌这才恍然大悟，原来自始至终，她都只为自己的事业在考虑，想要自己发展多少会员，却忘记了会员来源于这个城市的合伙人。她称自己没想到那么多，只是说话比较直率。其实偶尔一次两次大家可以谅解，但如果一个人经常这样，合作中只考虑自己的利益，那么没有人会喜欢这样的合作伙伴的。

## 言行直率、内心纯净、坚持到底的秋菊

提到言行直率、内心纯净、坚持到底，我们的脑海里会出现哪些影视剧中的人物呢？我的老师曾经提到过坚持到底的一个影视剧人物——《秋菊打官司》里的秋菊。这部电影讲述的是农村妇女秋菊为了向踢伤丈夫的村长讨说法，不屈不挠逐级上告的故事。影片中的秋菊，言行非常直接，内心坚持法律的公正公平，或者说是追求她认为的绝对公平，而把官司一打到底。这种性格可以称为偏执。

我们在前面提到过，很多偏执者会陷入这样的思维怪圈中：过于敏感，曲解别人的表达，认为别人是在加害或者诋毁自己。所以会有很多偏执者纠缠在官司中。甚至在一项对偏执型人格障碍的研究中发现，一部分深陷官司的女性都会存在或多或少的人格障碍。那如果偏执者遭遇到了真的伤害，会怎么样呢？当然是抗争到底了。凭借着偏执者的顽强精神，电影中的秋菊一路将官司打到底。

一般人可能在第一次村长答应赔钱的时候就算了。但是看到村长把钱撒在地上这样有些侮辱贬低的行为，秋菊不干了，说要继续告。秋菊也非常直率，直接告诉对方自己要告到底。村长说那你就告去呗，接着告啊。秋菊的一股执拗劲头上来了，谁都拦不住。她不顾丈夫的劝阻，挺着大肚子，毅然去城里继续打官司。

秋菊有什么坏心眼吗？没有。她只不过在追求完全的公平公正。可是后来秋菊难产，丈夫无奈之下找村长帮忙，村长连忙召集人手

把秋菊抬到医院，母子转危为安。与此同时，秋菊丈夫的 B 超结果也出来了。在秋菊给孩子摆满月酒的时候，甚至邀请了村长一家来吃酒席。村长在面对秋菊丈夫诚意的感谢和致歉时开玩笑说"让她继续告我啊"。结果在满月酒当天，村长因为轻度伤害罪需要被拘留 15 天，后被警车带走，留下不知所措的秋菊。事情发展到了不可收拾的地步。这个结局是秋菊想要的吗？其实，秋菊在医院生产完已经对村长心存感激了。当时如果不是村长紧急找人在黑夜里抬着秋菊艰难地一路小跑跋涉到医院，有可能秋菊母子的生命都会出危险。但是法律毕竟是严肃的、讲究程序的，最终结果比秋菊想象的要更加严重。此时言行直率的秋菊，在警车走后茫然不知所措了。我们通过这一影视作品，了解了这个性格有着鲜明特征的女性——秋菊。

## 说话直来直去，不会拐弯也不会哄人的悲剧人物——颂莲

说话直来直去不会拐弯的角色，在很多影视作品中都有体现。比如《大红灯笼高高挂》里的颂莲就是这样的典型。

该片改编自苏童的小说《妻妾成群》。影片围绕封建礼教展开话题，讲述了民国年间一个大户人家的几房姨太太争风吃醋，并引发一系列悲剧的故事。

民国年间，某镇坐落着一座城堡一样的陈府。财主陈佐千已有太太毓如、二姨太卓云和三姨太梅珊。19 岁的女大学生颂莲因家中变故被迫辍学嫁入陈府，成为陈老爷的四姨太。陈府的规矩，当陈老爷要到哪房姨太处过夜，该姨太房门前就会高高挂起一个大红灯笼；但若犯了错事得罪老爷，就会被"封灯"，用黑布套包上红灯笼高高挂起，以示不再受恩宠。

电影中有一幕，颂莲刚到陈府是自己走路去的，刚入家门也愿意放下架子去洗衣服。后来感受到丫鬟的嫉妒和敌意，她直接撑回

去：谁受宠还不一定呢，走着瞧。年轻漂亮的颂莲一入陈府便卷入几房太太的明争暗斗中，梦想成妾的丫鬟雁儿也对她充满敌意。逐渐失宠的颂莲为夺势，假装怀孕，使自己门前挂起了日夜不熄的"长明灯"。但雁儿为她洗衣服时发现了真相，并将此事密告给二姨太卓云，颂莲被"封灯"。在雁儿告密之前，颂莲就发现雁儿私藏旧灯笼，原本打算保守秘密，但后来她发觉是雁儿告密后，便将此事揭发出来。其实她并不想置雁儿于死地，但是颂莲直接找大太太主持公道，把事情推到那个份儿上了，而雁儿跪在雪地上却始终不肯认错，最终死去。由此看出颂莲心里藏不住事，想到什么就直接说，有怨气就直接撑。在每次跟几房太太吃饭互撑时就看得出来她是个言行直率的人。

此后，雁儿的死令颂莲精神恍惚、日渐消沉，经常借酒浇愁。而三姨太其实私底下想要跟颂莲走得更近一些，就暗暗示好并敞开自己心胸。但是，阴险毒辣的二姨太设计让颂莲误以为是三姨太告诉医生自己没怀孕。言行直率的颂莲在一次酒醉后，无意中说破了三姨太梅珊与高医生私通的秘密。梅珊于是被吊死在陈府角楼小屋中。颂莲精神崩溃，成了疯子。第二年，陈府又迎来了第五房姨太太，已经疯了的颂莲穿着女学生装在陈府游荡。

悲剧电影塑造的人物结局通常情况下也会成为悲剧——最终，女主难能可贵的纯净心灵成了封建社会的牺牲品。

巩俐老师把一个清高、倔强、不太懂得圆滑和人情世故的荧幕形象表现得淋漓尽致。言行直率固然不是缺点，但是如果不考虑自己的生存环境，四面树敌，就不太有利于自己的发展了。无论是在陈府这样的大户人家，还是走入社会，颂莲这样的人无疑会碰钉子。在电影一开始，二姨太假装关心颂莲（实则唆使丫鬟扎小人陷害颂莲），颂莲就真的对二姨太付出真情实意，直到从丫鬟处问出真相，才知道二姨太表面一套、背后一套是多么阴险狡诈。

对于众多偏执者来说，言行直率、内心纯净可以是别人喜欢你的原因之一。但没有人愿意在朋友关系中被贬损、被口出狂言地伤害。在这里也希望偏执者在人际关系中注重表达的艺术。良言一句三冬暖，恶语伤人六月寒。

希望偏执者都可以学会站在对方的角度来思考，拥有更好的人际关系，也拥有更好的生活。

## 偏执，比毅力更加难得

作为一名心理咨询师，持续性的学习和体验必不可少。在我们咨询师小组会中，有的老师年近60，已经持续学习了30多年心理学，至今还坚持每天学习，每天听一个案例督导，每个月都参加新的培训。这种坚持并不是一时兴起，而是年复一年日复一日的坚持。甚至我们也可以说，执着于某项喜爱的事物很多年，都可以称之为偏执。

其实对于咨询师而言，坚持终身学习是非常有必要的。一位成熟的心理咨询师在咨询过程中遇到比较疑难的个案时，会花钱去找督导师做个案督导，在小组会里也会申报朋辈督导。我们每周都会有心理咨询师的小组会，大概由10位心理咨询师组成，大家的流派、受训背景、就职的机构均有不同，可以更好地从不同角度提出不同的观点。

曾经有人很好奇心理咨询师的日常生活，他们问："咨询师每天都要接收那么多负能量，你们怎么去消解啊？"他们不知道的是，咨询师也有自己的咨询师，不仅有咨询师，还会有自己的体验师，然后还有自己的个案督导师。咨询师接到非常难做的个案，会去做个案督导，督导师相当于咨询师的老师。咨询师去做心理咨询，咨询师就成了来访者。咨询师也可以找到其他咨询师做体验，以更好地成长。所以，在个案中吸收到的负能量，会流动到另一位咨询师／督导师那里，通过个案督导来解决咨询师在做个案时遇到的困难。有时心理咨询师在接个案之后会被过度卷入。卷入指的是在做个案过程中，咨询师要感受来访者的感受，痛苦来访者的痛苦，尽可能地去理解和共情来访者，就要求要有一定程度的卷入，但同时还要有能够随时抽身出来的能力，在当下给予来访者一些回应。由于来访者咨询的内容一般都是让自己非常煎熬痛苦的事情，所以咨询师如果过度卷入到个案中，会持续呈现出与来访者的情绪类似的感受。

在一次咨询师行业交流时，资深咨询师小王跟大家分享了自己的心路历程。在刚开始从事心理咨询那几年，他也曾经想过要放弃，是自己的偏执让他坚持到最后。有一年，在一次关于失独（因意外失去独生子女的家庭）的活动中，小王的情绪跟随来访者一起悲恸，在活动结束后，一看到自己的女儿就哭，持续哭了3天。这就是在咨询过程中过度卷入了，出现了反移情。在坚持还是放弃的挣扎中，小王选择了坚持。他通过排解压力与不良情绪、找咨询师帮助自己寻找情绪背后的原因等多种方式走了出来。这个过程比较漫长，但最终他战胜了自己，成为一名专业的、能共情也能够熟练掌握专业技能的咨询师。现在，小王经常在行业内的分享中讲起过往，如果不是当年的偏执，可能他早就告别所热爱的事业了。

我们日常生活中所见到的偏执者，有相当一部分就是这样坚持自己感兴趣的领域很多年，并取得了惊人的成绩的。

**无腿登顶珠峰中国第一人夏伯渝——无尽攀登的执着**

《无尽攀登》是由叶俊策执导的纪录电影，于2021年12月3日在中国上映。

该片讲述了中国无腿登山家夏伯渝凭借 43 年的不懈坚持与热爱，靠一双假肢五次冲顶珠峰，最终成功的故事。

世界第一高峰珠穆朗玛峰每年都迎来无数梦想者的挑战，夏伯渝是第一位靠假肢成功登上珠穆朗玛峰的中国"硬核大爷"。1975 年夏伯渝加入中国登山队，在攀登珠峰时因帮助队友，导致自己双小腿因冻伤而被截肢，但他并未放弃自己登顶珠峰的梦想。在经历双腿截肢、癌症侵扰、病痛折磨的 43 年里，夏伯渝 5 次冲击珠穆朗玛峰，凭借自己的坚持与热爱，最终于 2018 年 5 月 14 日被珠峰接纳，在 69 岁高龄成功登顶。这使他成为无腿登顶珠峰中国第一人，也是继姚明、刘翔、中国奥运代表团和李娜之后获得劳伦斯世界体育奖年度最佳体育时刻奖的中国人。

随着电影的热播，夏伯渝被称为"地表最强硬核大爷"。"人生不怕晚，就看敢不敢"等电影标语让很多人感动。43 年的坚持，这并不是仅仅靠毅力就可以实现的，更多的是一股不管不顾的偏执劲头。影片里夏伯渝及他的妻子、儿子都是真人出镜。夏伯渝的妻子说，他（夏伯渝）为了实现登珠峰的梦想，卖了房子，拿出所有的积蓄。全家人由一开始的反对（主要是担心夏伯渝的身体不能承受），到最后的夹杂着无限担心的支持。偏执者一旦认定自己的目标，就不折不挠地去实现，几十年如一日也不动摇，倾家荡产也要实现自己的目标。从另外一个角度来说，夏伯渝的生活中，妻子、儿子占了很小一部分比重，他的梦想成了优先项。这体现出偏执者"以自己意愿为主"的性格底色。

最终夏伯渝在成功登顶之后说了一句"感谢珠峰接纳了我"。这句话里蕴含的高度和境界，让很多人佩服。无腿登顶珠峰中国第一人，被世界记住。我们也对"执着"有了更深刻的理解。43 年的坚持，实现人生夙愿，将偏执进行到底，让我们对偏执者有了更深的认识。

## 耗费二十年凿出隧道成功越狱——《肖申克的救赎》

谈到偏执者的坚持与毅力，还有一部史上最出名的越狱电影，也是永恒的经典——《肖申克的救赎》。

《肖申克的救赎》根据斯蒂芬·埃德温·金 1982 年的中篇小说《肖申克的救赎》改编，主要讲述了银行家安迪因被误判枪杀妻子及其情人入狱后，不动声色、步步为营地谋划自我拯救并最终成功越狱，重获自由的故事。

1947 年，银行家安迪·杜佛兰被指控枪杀了妻子及其情人，被判无期徒刑，这意味着他将在肖申克监狱中度过余生。而瑞德是肖申克监狱中的"权威人物"，只要你付得起钱，他几乎有办法搞到任何你想要的东西。每当有新囚犯来的时候，大家就赌谁会在第一个夜晚哭泣。瑞德认为弱不禁风、书生气十足的安迪一定会哭，结果安迪的沉默使瑞德输掉了两包烟，但同时也使他对安迪刮目相看。很长时间以来，安迪不和任何人接触，在大家抱怨的时候，他在院子里很悠闲地散步，就像在公园里一样。一个月后，安迪请瑞德帮他搞的第一件东西是一把小的鹤嘴锄，他说想雕刻一些小东西以消磨时光。不久，瑞德就玩上了安迪雕刻的国际象棋。之后，安迪又搞了一幅影星丽塔·海华丝的巨幅海报贴在了牢房的墙上。

之后安迪不断通过自己的智慧换取一些在监狱工作的机会。由于安迪精通财务制度方面的知识，很快便摆脱了狱中繁重的体力劳动和其他变态囚犯的骚扰，逐步成为肖恩克监狱长洗黑钱的重要工具。

一个年轻犯人汤米在另一所监狱服刑时听到过安迪的案子，他知道谁是真凶。但当安迪向监狱长提出要求重新审理此案时，却遭到了拒绝，并受到了单独禁闭两个月的严重惩罚。而为了防止安迪获释，监狱长设计害死了那个年轻犯人。面对残酷的现实，安迪变得很消沉。有一天，他对瑞德说："如果有一天，你可以获得假释，一定要到某个地方替我完成一个心愿。那是我第一次和妻子约会的地方，把大橡树下的一个盒子挖出来。到时你就知道是什么了。"当天夜里，风雨交加，雷声大作，已得到灵魂救赎的安迪越狱成功。

原来20年来，安迪每天都在用那把小鹤嘴锄挖洞，然后用海报将洞口遮住。安迪出狱后，领走了部分监狱长存的黑钱，并告发了监狱长贪污受贿的真相。监狱长在自己存小账本的保险柜里见到的是安迪留下的一本《圣经》，第一页写着"得救之道，就在其中"，另外《圣经》里边还有个挖空的部分，用来藏匿挖洞的鹤嘴锄。经过40年的监狱生涯，瑞德终于获得假释，他在与安迪约定的橡树下找到了一个铁盒，里面有一些现金和一封安迪的亲笔信，两个老朋友终于在蔚蓝色太平洋的海滨重逢了。

安迪坚持了20年，用小鹤嘴锄凿出一条逃生通道，看过电影的人都知道，那把小鹤嘴锄还没有一本书大。大家试想一下，用一个这么小的工具凿出一条路，简直是不太可能的事，可是安迪做到了。除了佩服他的聪明、毅力之外，这也是有一股偏执的动力吧。

**坚持就是胜利，死磕到底——愚公移山精神永存**

愚公移山，出自《列子·汤问》。这则成语形容坚持不懈地改造自然和坚定不移地进行斗争，比喻努力不懈，不畏艰难，自能成事。

愚公家门前有两座大山挡着路，他决心把山平掉，另一个"聪明"的智叟笑他太傻，认为不可能。愚公说："我死了有儿子，儿子死了还有孙子，子子孙孙无穷无尽的，又何必担心挖不平呢？"后因感动天帝，天帝命夸娥氏的两个儿子搬走了两座山。

愚公移山这个故事让我明白了：世界上做任何事都要坚持不懈、锲而不舍。

纵观历史，中华民族正是有着一股子"愚公移山"的偏执劲头，才能取得令世人感叹的辉煌成就。可以说，偏执者身上最为闪闪发光的点就在于此——持之以恒的毅力和永不言败的精神。

我国有很多耳熟能详的关于坚持的典故和成语故事。例如："骐骥一跃，不能十步；驽马十驾，功在不舍；锲而舍之，朽木不折；锲而不舍，金石可镂。"这句出自战国时期荀子的《劝学》，说明只有坚持不懈，有恒心，有毅力，才能把事情做成功。

"绳锯木断，水滴石穿"典出东汉班固的《汉书·枚乘传》。意思是说，泰山上流下的水能穿透岩石，很细的绳索能磨断树干。水并不是钻石头的钻，绳索也不是锯木头的锯，但是一点一点地摩擦，就使得石穿木断了。它告诉人们，持之以恒，不断努力，事情一定会成功。

夸父逐日是我国最早的神话之一，讲的是夸父奋力追赶太阳、长眠虞渊的故事。夸父是古代神话传说中的一个巨人，是幽冥之神后土的后代，住在北方荒野的成都载天山上。他双耳挂两条黄蛇、手拿两条黄蛇，去追赶太阳。当他到达太阳将要落入的禺谷之际，觉得口干舌燥，便去喝黄河和渭河的水。河水被他喝干后，口渴仍没有止住。他想去喝北方大湖的水，还没有走到，就渴死了。夸父临死，抛掉手里的杖，这杖顿时变成了一片鲜果累累的桃林，为后来追求光明的人解除口渴，使他们一个个体健口润、精神百倍、勇往直前，不达到目的，决不休止。

精卫填海的故事，出自中国上古奇书《山海经》。相传太阳神炎帝有两个女儿，大女儿叫瑶姬，小女儿叫女娃。因久居天宫无聊，有一天，女娃驾船游东海而溺，其不平的精灵化作花脑袋、白嘴壳、红色爪子的一种鸟，栖息在发鸠山，发出"精卫、精卫"的悲鸣，人们便将此鸟叫作精卫鸟。精卫衔草石由发鸠山飞往东海投入，誓言要填平东海。晋代陶渊明诗曰："精卫衔微木，将以填沧海。"后人常用"精卫填海"这句成语，比喻既定永恒目标，更有坚韧不拔的精神为后盾。

茅盾则认为:"精卫与刑天是属于同型的神话,都是描写百折不回的毅力和意志的,这是属于道德意识的鸟兽神话。"

总体而言,上古神话的悲剧意蕴彰显的就是一种伦理道德品质,不是顾影自怜,不是自怨自艾,而是一种敢于反抗、敢于斗争、敢于牺牲的精神。

### 给偏执者的建议

亲爱的偏执者,如果你读到这里,肯定会因为自己身上闪闪发光的点感到骄傲吧?不管怎么样,别人理解也好,误解也罢,我们总是在坚持自我。我们也做到了。这股偏执的劲头也被很多偏执者应用到科学研究、发明创造等领域。在经历了无数次失败后不灰心,继续向前一战到底,就是我们所向披靡的偏执者。值得注意的是,如果这股偏执用在"制造出周围的不愉快并对社会发展毫无建树"上,那么我们是时候考虑换一个赛道和方向了。

## 非黑即白,爱憎分明的情感立场

美国心理学家南希·麦克威廉斯博士的《精神分析诊断:理解人格结构》这本书里提到,很多偏执者会有现实困境,那是因为偏执特质很容易招致他人现实的攻击,"恨"在这个时候就涌出了。即使不是偏执人格的个体,在特定的羞辱或者被迫害的的情境中,也难免会出现短暂的偏执行为。所以我们在对偏执者的分析中,会去搜集环境中或者成长经历中有没有类似被迫害的场景。偏执者在面对敌意或羞辱的时候,会把心理能量都用来对付那些一心想要羞辱他们的人。有的偏执者会从身边人正常的举动中嗅出敌意,南希指出这其实是他自身的攻击冲动以及潜意识投射。

  书中所指的偏执者并不是我们病理心理学中所指的偏执型人格，而是性格中有一些偏执成分的普通人。所以本书中所指的大部分偏执者，都还是有爱人的能力的。即使是偏执型人格，也可以具备爱的能力，如果真的找到能理解自己并可信的伙伴，偏执者会是非常忠诚的朋友。有很多朋友在看过一些影视作品后对犯罪心理学颇有研究，譬如在我的心理学课堂上，学生们会表示对"犯罪心理学、反社会人格、连环杀手"这样的荧幕形象感兴趣。我们从过往的案件分析中发现，部分罪犯属于反社会人格，还有一些是偏执型杀人狂。反社会人格的表现是漠视一切法律、不具有同理心以及病态的自恋。而偏执型杀人狂则认为别人的正常举动是要加害自己，因为怕被杀所以先下手为强，并且不认为自己是错的（偏执狂从来不认为自己错了，即使假惺惺认错也被他们看作是维系关系的手段）。

  以上是两个极端，生活中性格带有一些偏执成分的人，大部分都有爱恨的能力。再加上前面提到的偏执特质很容易招致他人现实的攻击，所以我们眼中的偏执者，也都是爱憎分明、敢爱敢恨的鲜活形象。

  【案例三十五】咨询师的情绪抓取者——来访者凌凌。她坚持认为咨询师对她有隐藏的不满，并坚持自己的观点。偏执者会异常敏感地捕捉到别人的敌意，从而抢先一步采取保护自己的措施。即使这个"所谓敌意"别人都没察觉到，但偏执者认为敌意已经给自己造成了伤害。在一次心理咨询师的小组分享中，咨询师大海分享了一个案例。在一个休息日的晚上，大海收到一位新的来访者凌凌的微信留言，表示非常迫切地想要开始心理咨询。因为当天是周末，再加上凌凌是临时的计划外的个案咨询，大海就有些许不悦，但稍后立刻调整了状态。在约定的咨询时间开始后，大海等了凌凌10多分钟。凌凌解释说自己的电脑设备没有调试好。然后在咨询过程中，凌凌一直在解释和澄清自己，她认为大海一直在误解她，对她有隐藏的不满，并且说感受到大海好像不太喜欢她。大海表示自己对她没有任何上述这些情感，但是凌凌始终认为是有的，所以后来我们一致认为，大海隐藏的情感被凌凌细微地抓取到了。

后来我读到偏执型人格的书，里面讲到要感谢偏执型人格，因为他们非常敏锐，善于质疑，敢爱敢恨。咨询师的一些细微反应被他们抓取到然后直言不讳地说出来，这些是咨询师自己浑然不觉的，可能是工作时的理性层面抑制了潜意识里的感受。这些敌意的感受，就连心理咨询师的分析师都得在第二年才分析到，但来访者第一次就发现了。

## "爱你就跟你走，恨你就砍了你"——玉娇龙

提到敢爱敢恨、快意恩仇的荧幕形象，《卧虎藏龙》里的玉娇龙是很多人第一个想到的。

电影讲述一代大侠李慕白有退出江湖之意，托付红颜知己俞秀莲将自己的青冥剑带到京城，作为礼物送给贝勒爷收藏。但李慕白隐退江湖的举动却惹来更多的江湖恩怨。

李慕白托付红颜知己俞秀莲将自己的青冥剑带到京城，谁知当天夜里宝剑就被人盗走。俞秀莲为了不将事情复杂化，一直暗中查访宝剑下落，也大约猜出是玉府小姐玉娇龙一时意气所为。玉娇龙自幼被隐匿于玉府的碧眼狐狸暗中收为弟子，并从秘籍中习得武当派上乘武功，早已青出于蓝。在新疆时玉娇龙就瞒着父亲与当地大盗"半天云"罗小虎情定终身，如今父亲又要她嫁人，玉娇龙一时兴起冲出家门浪迹江湖。任性傲气的玉娇龙俨然是个小魔星。俞秀莲和李慕白爱惜玉娇龙人才难得，苦心引导，总是无效。在最后和

碧眼狐狸的交手之中，李慕白为救玉娇龙身中毒针而死。玉娇龙在俞秀莲的指点下来到武当山，却无法面对罗小虎，在和罗小虎一夕缠绵之后，投身万丈绝壑。

影片播出后，有人评论说玉娇龙是"真的恶"。集合了"纯真"与"恶"。"真"是真的纯真，极具天资与灵性，从头到尾都是遵循本心，自由自在地过活，不服礼教的约束与任何人的调教，敢爱敢恨，炽烈又天真；而恶也是真的恶，自负自私，倔强狂傲。

一个人崇尚自由，眼里只有自我，从来听不进去别人的劝说，万事万物对她来说都只是喜欢与不喜欢、高兴与不高兴。那些为她奔走的人却因她而失去所有，而她自己，那高傲的心，在摆脱了一切"与之对抗"的束缚之后，却只能沉入谷底，走向自我毁灭。

"她根本就没有信义可言。她做事只凭爷高兴和爷不高兴，万物对她来说只有爷喜欢和爷不喜欢。"也有人评论说，各个时代都会面临这个问题。许多人都有这种向往自由不受约束的思想，只不过玉娇龙表现出来了，而李慕白和俞秀莲用所谓的理性一直压抑着。

这种非黑即白、两极分化的世界观，也最终导致了玉娇龙的自我毁灭。

**细数那些爱憎分明的鲜活人物形象**

提到爱憎分明，我们还会想起《美人鱼》里的李若兰。张雨绮饰演的这个角色就是爱憎分明、敢爱敢恨的，只要她喜欢他，就愿意为这个男主去付出，如果她不喜欢了可以按照自己的方式去继续热烈地生活。

《欢乐颂》里的曲筱绡也是特别敢爱敢恨。她喜欢赵医生就勇敢去追，不惜使出浑身解数和小伎俩。"敢爱"也让这个角色多了一份色彩。而面对白主管那样的渣男、樊胜美被家庭拖累的无奈，曲筱绡也都有自己"敢恨"的一面。

《天龙八部》里的阿紫，性格天真，伶俐而狠毒。从小在星宿派长大的她不知道何为善、何为恶，只学了一身保护自己的恶毒招数与阿谀奉承的本事。她的性格甚为执拗，对于自己想要得到的东西绝对不会放手，且为了达到某一目的无所不为，从不悲天悯人，也从不怜悯自己。提到《天龙八部》中最让人印象深刻的女性，很多人的第一反应竟然是阿紫。阿紫对其他人都下手狠毒，唯独对深深爱着的姐夫萧峰一往情深，最后竟然自挖双眼还给游坦之，然后抱着萧峰的尸体纵身跳下悬崖。就连三毛也如是说："最是阿紫自私凶残又有鲜明，金庸笔下第一等深刻人物。可偏就是此等狠绝毒辣的小妖女，却最最让人心疼、心痛、心伤。"

作为《甄嬛传》后期的重要角色之一，热依扎饰演的叶澜依以刚烈如脱缰野马的性情，给观众们留下了难以磨灭的印象。

叶澜依，其历史原型为雍正帝宁妃武氏。叶澜依是圆明园中百骏园驯马女，英姿飒爽、明艳照人。昔年叶澜依屡卧病榻，无人问津，命悬一线之时，果郡王伸出援手救她活命。他是风流倜傥的王爷，更是她的救命恩人，叶澜依深知两人身份悬殊，她的爱只敢藏在心里。

叶澜依因风采酷似当年的华妃偶然间被雍正看中入宫，封为答应。因独来独往、行事潇洒，不被太后与后宫众人喜欢。之后被齐妃所害失去生育能力，晋位贵人，赐号"宁"。曾利用自养的猫吸引群猫袭击甄嬛，导致其早产。因对果郡王钟情，爱屋及乌，因珊瑚手串对甄嬛放下排斥心理，后期暗中帮助甄嬛。于大封六宫时晋封宁嫔。得知果郡王被杀后，与甄嬛联手复仇。叶澜依使用慢性毒药朱砂一日日侵蚀皇帝的身体，使得雍正看起来外表精壮，内里却越来越虚空，直至吐血，最终丧命。雍正驾崩后，生无可恋的她因思念果郡王而在乾隆登基当日割腕自尽。

她心属允礼，无意入宫，无奈天意难违。她不爱皇帝，所以即使喝下会导致不孕的九寒汤也在所不惜。对皇上冷若冰霜的叶澜依，只有看见果郡王的时候，才会柔情似水。知道皇上毒杀了果郡王，她以牙还牙。这种爱憎分明的女子，让人很难不被她的个性吸引。

《我不是药神》中由章宇饰演的黄毛给人的印象非常深，他把这个角色爱恨分明的人物性格刻画得生动传神，尤其是最后黄毛为了保护程勇，开车引走警察时，他对警察那蔑视的挑衅。当他出现意外，观众无不眼眶湿润，他的表演能让人真正感受到角色情感。

### 敢爱敢恨——为什么有的人魅力四射而有的人灰飞烟灭

前面我们提到的玉娇龙、阿紫、叶澜依等，都是在爱恨中葬送了灵魂，他们都选择了毁灭。而《美人鱼》中的李若兰、《欢乐颂》里的曲筱绡却依旧快意人生。这是为什么呢？

非黑即白、爱憎分明是一种性格特征，拥有这些特质的人会被人看作果敢、潇洒。尤其是偏执者的那股韧劲和坚持，会让这份"爱"或者"恨"极具张力。非黑即白的观点来自两极分化，还会有一些刻板思维在里面。春秋战国时期出自《论语》的一句谚语"不成功，便成仁"，意思是如果不成功，那么便成全仁。成仁，来自"舍生取义，杀身成仁"；指儒家为了"仁"的最高道德准则而不惜舍弃生命。我们看到影视剧中这些爱憎分明的偏执者，其实也没有一开始就主观地想要"舍生取义"，而是最后在坠入虚空和万念俱灰之时选择了毁灭。也有人说，都是小说嘛，这种轰轰烈烈的人不安排自我了断很难收场。可是为什么作者要安排他们自我了断呢？因为非黑即白的极端思维就导致了他们的选择是"要么生，要么死"。这里也可以理解为刻板思维，缺乏变通，一根筋，直来直去，没有中间过渡地带，不知道黑和白之间还有"灰"的存在。刻板思维来源于刻板效应，所谓刻板效应，又称刻板印象、社会定型、定性效应，是指对某人或某一类人产生的一种比较固定的、类化的看法，还没有进行实质性的交往，就产生了一种不易改变的、笼统而简单的评价。这是我们认识他人时经常出现的现象。如果我们为人处世一直抱有这种刻板思维，或者是两极分化的偏激思想，那么就会导致人际关系的失败。

### 给偏执者的建议

人性不是非黑即白，大善之人也可能会有自己的阴暗面。人性是复杂的，我们在影视剧里就会发现，坏人的真情也闪闪发光，好人的懦弱也会酿成悲剧。

偏执者朋友们，如果我们想要在自己的"非黑即白、爱憎分明"性格上提个醒的话，那就是"接受人性也有灰色地带"。我们很难全部以自己的是非判断标准来断定一个人是"坏人"或者"好人"。如果偏执地认定某件事、某个人就是"坏的"，再陷入无限的对抗和复仇中去，那就被偏狭的刻板思维蒙住了双眼，也将陷在情绪的泥潭里不能自拔。

## 控制与反伤，掌控全局的领导才能

之前的几个章节我们提到偏执者的一些性格优势，比如敏锐、谨慎、有毅力、敢于挑战、言行直率、一旦认定方向就坚持到底等。我们也提到，偏执者只要利用自身优势，处理好人际关系，整合资源，就能够应付复杂的生存环境。这些特质一旦集中于一个人身上，必定是可以控制全局的"狠人"。影视剧中不乏这类起伏跌宕的故事，比如《甄嬛传》。

在北大钟杰教授的编剧心理课上讲到偏执型人格时，首先提出的就是甄嬛，为什么呢？蔡少芬饰演的皇后是反社会人格，她害死了很多妃嫔的孩子，这些也是皇上的子嗣，并且她对于逝去的生命毫无悔过之心。这跟甄嬛的报仇不同。甄嬛是"谁来害我，我去斗谁"。甄嬛也没有刻意去伤害某个妃嫔的子嗣。钟老师说了一句很经典的话：皇后是反社会人格，甄嬛就一定是偏执型，因为所有的人格类型中，只有偏执型才能跟反社会型斗，并且是斗争到底。比如我们看到很多警匪片中如果出现一个反社会人格的杀手，就一定会出现一个偏执型的警察一路追查到底。甄嬛的偏执在剧中也处处有体现。例如，甄嬛进宫时为安玲珑挺身而出打抱不平，就展现了偏执者刚正不阿的品行。一开始甄嬛并不想参与宫斗，装病求安宁，这就是偏执者的战与逃的选择策略。但是最后让甄嬛转而为之一战的转折点来了，就是对皇上的"莞莞类卿"的失望，这是偏执者由爱到恨的极端转化。再加上内斗所失去的爱人、孩子、妹妹等。有仇必报，是偏执者的执念，也是失去控制后"战"的表现。反过来分析，皇上对甄嬛确实有情有义，以至于将她从尼姑庵接回，但甄嬛并不领情，这也是偏执者在考虑问题时，思考模式过于单一的原因。

甄嬛一路成长，从青涩单纯到心狠手辣，直叫观剧的人大呼过瘾。这种逆袭的大女主的戏份，都是从一开始的被欺辱到后面的控制全局与反杀。从一开始的单纯受气暗自伤神到心如死灰再到战斗力爆棚。尤其甄嬛选择出宫修行的那段时间，受尽屈辱，吃尽了各种苦头，有种"谁无英雄落难日，待我东山再起时"的隐忍与大气磅礴。而当甄嬛回宫，变成了钮祜禄·甄嬛之后，就瞬间变为女战士，处处布局与结盟，在控制全局中看着昔日仇家灰飞烟灭。

那时候的深宫大院，个个都是钩心斗角、尔虞我诈，想要取得根本性的胜利，坐上皇后的位置，是非常不易的，需要协同作战的盟友，也需要一些高人的相助。提到盟友，我们首先想起的是沈眉庄。她是甄嬛从小一起长大的好朋友，堪称"铁瓷"。两人能在各种危难时刻为对方挺身而出，在有误会的时候还第一时间心系对方，称得上是患难与共的好姐妹。而当时的皇太后乌雅成璧，也在一些紧要关头对甄嬛惺惺相惜，暗中相助。更有太医温实初一路保驾护航，对甄嬛真心一片、忠心耿耿。在最后关头还有叶澜依这个"屠龙高手"倾力相助，充分体现成熟女人之间的"girls help girls"，女力觉醒，只为对抗当时那个世界的男权封建统治。

我印象很深的是滴血认亲那场戏，张力十足，却都在甄嬛掌控之中，众人心思各异，火药味爆棚。可以说，甄嬛如果在那里跌倒，那就永远爬不起来了，可能后宫从此多了一个冤魂。掌控全局的能力并不是一开始就有的，在寺庙修行的忍辱负重也不是一般人可以扛得住的。君子报仇，十年不晚。如果甄嬛在意志力、毅力方面输了，也就没有一股偏执劲儿了。而仅有偏执和坚持是远远不够的，在后宫你死我活的环境里，必须机关算尽，小心谨慎，做事果断，不拖泥带水，永远抓主要矛盾。不屑于让小人物进入自己的视野，从安陵容死的时候甄嬛的冷酷表情"你拼死跟我斗，我却视你为无物"中可以看出来。小插曲改变不了大旋律，斗过大Boss才是终极目标。而偏执者总是可以抓住主要矛盾，杀伐果断，把之前所提到的谨慎、机敏、毅力等全部用上，才能反杀和控制全局。

最后，追剧虽然爽，但是换作你我又如何呢？我们在复杂的社会中偶尔都会怅然若失。如果让我们处于这样一个宫斗剧中，你能活到第几集呢？

国外也有一些类似这种控制与反杀的电影，从一开始被欺负，到后面缜密布局反杀大Boss，比如《隐形人》和《使女的故事》，前一部是电影，后面一部是美剧，主演都是伊丽莎白·莫斯。作为一路愈战愈强的大女主，伊丽莎白·莫斯仿佛天生就有一张不屈服于命运的"偏执"脸，感兴趣的朋友可以去搜一下这两部剧的片段，看着她在恐惧笼罩下抖成筛子却仍然咬牙顽强抗争，每次都在命悬一线之际绝地反杀。

《隐形人》改编自英国作家赫伯特·乔治·威尔斯1897年的科幻小说以及1933年的同名电影，讲述了一名叫西西莉亚的妇女在男友突然自杀后遭到一个隐形人反复折磨，不得不奋力求生并查明真相的故事。

伊丽莎白·莫斯从一开始的被动受到隐形人监视、攻击，到后面利用隐身衣来布局与反伤，设下计谋让隐形人在监控下自杀身亡。从一开始的被陷害、被监禁，到后面的奋起反杀，手撕隐形人，让观看的人直呼过瘾。

《使女的故事》改编自加拿大女作家玛格丽特·阿特伍德创作的长篇小说，发表于1985年。该剧是以架空的历史为背景的反乌托邦类型的作品。故事发生在虚构的基列共和国，未来，由于环境污染和生态破坏，人类的生存率和生育率降低，信奉教旨的极端分子掌握政权，男权至上，男人占据绝对统治地位，女人则彻底沦为男性的附属品，被区分为不同的等级。使女就是其中一个等级，也是整个故事的讨论核心。

在根据小说改编的《使女的故事》中，伊丽莎白·莫斯饰演的奥芙弗雷德是基列共和国的一名使女。她是这个国家中为数不多能够生育的女性之一，被分配到没有后代的指挥官家庭，帮助他们生育子嗣。和这个国家的其他女性一样，她没有行动的自由，被剥夺了财产、工作和阅读的权利。除了某些特殊的日子，使女们每天只被允许结伴外出一次购物，她们的一举一动都受到"耳目"的监视。更糟糕的是，在这个疯狂的世界里，人类不仅要面对生态恶化、经济危机等问题，还陷入了相互敌视、等级分化和肆意杀戮的混乱局面。并非只有女性是这场浩劫中被压迫的对象，每个人都是这个看似荒诞的世界里的受害者。

使女奥芙弗雷德以前叫简。国家发生变化之前她有自己的老公和孩子，突然间规则改变了，孩子被抢走，她跟老公被迫分离。她被打晕后囚禁起来，关在一个只有一扇窗、一个桌子、一张床的封闭屋子里。为了防止这些被囚禁的生育奴隶自杀，奴隶主在不断实施性侵的同时也从未放弃过对她们的监视，直到使女生下奴隶主的孩子，完成了这家的任务，再被送到下一家给新主人繁衍子嗣。使女们全程都是被毒打、被规训、被管制，毫无人性，处处彰显人性丑恶。奥芙弗雷德在一开始是被吓得胆战心惊的受害者，慢慢地她发现，只有奋起反抗、绝地反杀才能改变自己的命运。有好几次她命悬一线，被打得失去知觉，在条件恶劣的荒废仓库独自生产孩子，如果不是跟命运抗争的偏执劲头让她咬牙坚持，她可能就选择放弃了。她目睹跟自己一起来的使女们的悲惨结局，暗自下定决心要活下去，保护自己的孩子，并想通过自己的努力获取自由。其中一个场景里，奥芙弗雷德带领其他使女冲出重围，让孩子们重新回到父母身边。而奥芙弗雷德最终身负重伤被伙伴抬走。她的结局如何？也让我们深思。而第五季也在 2022 年 9 月首播，奥芙弗雷将继续对抗基列国，将偏执的抗争精神贯彻到底。

### 给偏执者的建议

亲爱的偏执者们，通过这几部剧我们可以看出，在极端的环境下，唯有偏执者才有可能逆风翻盘，与邪恶斗争到底，并且最终完胜。在日常的生活中，其实并没有这么多腥风血雨，所以控制与反杀被更多地应用到我们的关系中。有一部分偏执的朋友由于早些年的经历，会对世界有下意识的不信任，想控制一切以保证不让自己受伤害。可世界上唯一不变的就是变化本身。偏执者朋友们也可以客观认知世界的不稳定性，而追求内心的稳定则是我们可以通过练习做到的。另外，想要去控制一切，提前消除掉所有危险，确实需要强大的协调能力和控制力，而这并不是简单就能做到的。要把偏执劲儿用到正确的方向上，就要确保我们时刻不能偏离初心。要想成为甄嬛这样的人，首先我们要树立一个值得为之去奋斗一生的目标，然后再运筹帷幄，步步为营，实现控制与反杀，成为自己生活中的主角。

## 逃避与对抗，"战"与"逃"的抉择

击败对手战胜困难的偏执者，就像只身斗恶龙的勇士。

【案例三十六】永远的战斗者——晓军。晓军因为跟保安吵架，跟同事发生口角，跟领导对抗而接受了公司的心理咨询。在咨询中，咨询师问及晓军的童年。他深深地叹了一口气，仿佛有很多沉重的情感压在心头。晓军不止一次地提起，他对自己的性格最肯定的一面就是不折不挠，面对困难和挑战从来不畏惧，都是主动迎战、从不屈服并且愈战愈勇的那种。

晓军出身于贫困的农村家庭，由于父亲长期被调到外县工作，家里没有成年男人，母亲一个人带两个孩子（年纪的晓军和嗷嗷待哺的弟弟），受尽了欺负，田地和房屋都被家族里一位精于算计且脾气暴虐的伯父侵占。在他还小的时候，经常目睹母亲被欺压，亲戚们为了争田地闹得不可开交。他未成年之前非常顽劣调皮，经常被责难打骂，邻村小孩说一句他认为是羞辱他的话就立刻扑上去打人家。长大以后他暗自发誓，有人欺负就一定要揍回去，保护家庭成员不受外人伤害，把以前受的屈辱都洗刷干净。晓军的母亲埋怨父亲长期缺位，脾气变得暴躁易怒，又要务农，又要伺候公婆，还要带两个孩子，经常是吃了上顿没下顿。这样的情境下，母亲也被生活折磨得没有好的情绪能量供应给孩子们，甚至把怨气撒在最柔弱的妹妹身上。

南希·麦克威廉斯的《精神分析与人格诊断》中提到，在偏执者的成长背景中，极端严厉的批评、反复无常的惩罚、毫不留情的痛斥以及难以取悦的家长都十分常见。偏执型儿童的养育者也时常给儿童树立"榜样"，儿童可以观察到父母身上多疑、责难的态度。尽管父母声称家人是唯一应该信任的对象，但儿童不难发现，父母平日的表里不一，比如他们同时具有暴虐的内心与友善的外表。边缘型和精神病性偏执者的家庭成员间常常相互苛责和相互讥讽，或者是家庭成员中相对"孱弱"的人容易成为家中的替罪羊——家庭成员憎恶和投射的靶心。根据我的经验，处于神经症至健康范围之间的偏执者的家庭成员间的关系，多半是温馨、稳定与调侃、嘲笑兼具。

如果说偏执者是不怕困难迎难而上，那普通人呢？我们普通人在面对困难情景时的反应无非是这三种——"战、逃、僵"，即"战斗—逃跑—僵住"模式（Fight, Flight or Freeze Response），简称3F反应或战逃反应。这是人类漫长的进化中一个重要的本能反应，它被保存在我们的基因中。3F反应在遇到危险时会瞬间启动，通过一系列的神经反应与激素分泌（如肾上腺素），让我们有更高的警觉性和觉察能力，同时也有更多的力气去对抗或逃跑。而僵住，也可以理解为吓呆，这个反应也有进化的意义，很多动物会在遇到天敌时装死，通过僵住不动让自己看起来没有那么显眼，从而增加自己生存下来的机会。

比如我们在莱昂纳多·迪卡普里奥饰演的《荒野猎人》中看到熊来撕咬他，后面他不动了熊也就走了。有的动物在捕食的时候，出于天性会避免食用不明原因死去的猎物，因为不知道是病死还是被毒死的，可能吃下去对自己也有害。比如老虎和花豹主要以自己捕猎的活物为食。所以就会有一些动物在遇到危险时装死来糊弄对方，等到对方认为自己没有可食用性的时候再找机会溜走。

我们身体这一套本能的警报系统是人类存续下来的天生的能力，在远古时期大大提高了我们祖先的存活率。在当今社会，战逃反应在很多情况下已经不合时宜，产生的反应很难被周围人理解，经常被冠以"作""矫情""脑子有毛病""疯了"等。这些人不了解当事人的历史，其实这是当事人再合理不过的反应。战逃反应被激发时，大脑杏仁核被激活，引发肌体大量分泌肾上腺素。这时身体会为战斗做准备，血液流向四肢。

我们在前面几章了解了偏执型人格具备毅力和一战到底的斗争精神，那么就可以理解面对困难，偏执者们一定是迎难而上的。如果是在"战与逃"之间做选择，那么偏执者会毫不犹豫选择"战"。

## 《危情三日》

在通过电影人物分析人格的时候，老师提到了偏执型的典型代表——《危情三日》里的男主角。

电影主要讲述一个幸福的三口之家突遭横祸的故事。妻子因莫须有的谋杀罪被逮捕，她对丈夫坚称自己是清白的。为了救出妻子，丈夫拼尽全力与这场神秘事件周旋到底。

匹兹堡的文学教师约翰本来有个幸福的三口之家，但这天警察突然登门，将他的妻子劳拉以谋杀罪逮捕。几乎所有证据都指向劳拉是杀害自己女老板的嫌凶，连律师也认为翻盘无望，劳拉压力过大甚至尝试自杀。约翰执着地相信妻子的清白，他不需要妻子的解释，他信任妻子，这就足够了。想要救出妻子的约翰开始筹划越狱，他请教曾经多次成功越狱的越狱专家，仔细观察匹兹堡监狱的所有角落，一个越狱计划逐渐成型。然而监狱方面突然准备提前转移劳拉，约翰的时间只剩下了三天。眼看出卖房屋筹集资金无法实现，约翰决定铤而走险抢劫毒贩，这个平时温和的男人为了拯救妻子变身为强悍的战士!

影片最精彩的就是看似没那么强悍的文学教师约翰从筹划越狱起的一系列惊心动魄的操作。一开始他为了混进妻子的监狱伪装自己，但因为过于害怕甚至在警察面前剧烈地呕吐。这个时候，如果约翰选择逃走其实观众也可以理解。但是他没有，他选择跟警察周旋下去，想要把妻子救出来，带着孩子远走高飞。在营救妻子的过程中，他结识了一位单身妈妈，他谢绝对方的好意一心只想着妻子。此处也体现了偏执型的特点，一旦相信，就是真的不离不弃，信任到底。影片最后的精彩足以让我们感叹不已，这是只有偏执者才能做出的壮举。

## 《伦敦陷落》

《伦敦陷落》是一部动作犯罪片，影片故事发生背景设置在《奥林匹斯的陷落》结束几年后，讲述了美国总统参加英国首相葬礼后，再次遭遇恐怖威胁的故事。

班宁是美国特勤局的特工，最近，他接到了一个重要的任务，那就是联手局长琳，护送总统本杰明前往伦敦圣保罗教堂参加英国首相的葬礼。

英国首相死得蹊跷，班宁和琳知道，他们的行程一定受到了不法分子的密切关注。与此同时，在葬礼上，各国首脑均出席，伦敦这座繁华的城市霎时间成了世界关注的焦点。果不其然，刺客们潜伏在暗处等待着时机。国家领导人屡屡遭到伏击，伦敦地标建筑亦不能幸免于难，整座城市陷入了混乱和瘫痪之中。而对于班宁来说，最要紧的任务便是护送总统回到美国。

影片中班宁的性格就有偏执的成分。他在接到任务之前本来准备回归家庭，陪伴老婆，但是在极大的危险面前，他还是选择了战斗而非逃离。班宁性格中有自恋的部分，而且还是我们所说的硬核的自恋。他相信自己的能力和胜任力,让副总统听从自己的指挥和安排,最终成功护送总统回国。

## 选择了"逃"的偏执狂——《一个叫欧维的男人决定去死》

偏执者并不总是选择战斗,这部影片就讲述了一个偏执的老头儿决定逃离生活去死的故事。该片讲述了一个叫欧维的男人在妻子索尼娅去世后,决定自杀追随却一直未果的故事。

欧维是一个刻板而又固执的老头,周围的人称他为偏执狂。他曾经因为看不惯那些公职人员而不停地给政府写信去告发他们。因为妻子在一次意外中失去腹中的孩子和双腿,后续找工作的时候被学校拒绝,而欧维据理力争,跟学校抗争。欧维平时更是跟社区里一切不符合规则的事物较真。这些特点都是偏执者共有的。不幸的是,唯一理解他的妻子半年前死于疾病,留他一人生活在这个混乱不堪的世界之中。每天早晨,欧维都会定时在社区里进行巡视,确认所有的车辆都停在应停的位置,呵斥违反规定私自驶入社区的车辆,赶走四处乱转破坏环境的猫狗。在社区居民眼里,欧维是"来自地狱的恶邻",可每个人都明白,这其实是欧维对于社区爱之深刻的表现,他在用他的偏执保护着每个人。

某一日,欧维遭到上司的解雇,离开了恪守几十年的工作岗位,心灰意冷、对现世了无牵挂的欧维决定自杀。然而,就在这个节骨眼上,一位名为帕维娜的女子和丈夫带着两个孩子搬到了欧维的隔壁,成了欧维自杀计划的绊脚石。一个决定去"逃"的偏执老头是不会轻易放弃自杀愿望的。命运的残酷给了他最坚硬倔强的保护色,其实内心却有无尽的暖意和柔情。他还是一如既往地固执,但是在跟邻居帕维娜一家接触后,他慢慢地融化了。最终他收养了被欺负的流浪猫,帮助了因为出柜被家里赶出的孩子。在一个安静的早上,欧维悄然仙逝,猫猫还趴在他的胸口守候。在弥留之际,欧维看到了他的妻子正在列车上等他,他们两人即将一起奔赴美好的远方。因为世界上最牵挂我的人撒手去了,所以我也要追随她而去,这是偏执者的深情,这孤寂的灵魂让我们泪目。

偏执者在遇到困难的时候是"战"还是"逃"?你的心中有答案了吗?无论战斗还是出逃,都是出自于灵魂深处的深情。这深情来自对妻子的眷恋,对国家的忠诚与热爱,对自由的向往。偏执者身上的这种特质让我们动情不已,这是人身上最为可贵的部分。选择为爱而战,偏执者必将所向披靡,胜战到底。"希望你不要把这世界让给你讨厌的人",加油。

# 第 5 章

## 怎样的"偏执"是需要引起重视的?

# 走进咨询室的偏执者想要找回的是"自我赋能"

一个很有意思的问题：偏执者会接受心理咨询吗？答案是会的。

这听上去有些不可思议而且自相矛盾。偏执群体都是"唯我独尊"的，让他们面对自己的脆弱几乎是不可能的事，况且，一个专业的心理咨询师不会让偏执者在毫无防备的境况下破防，因为那是极其残忍和危险的事，将会摧毁偏执者的防御体系。

偏执者之所以会走进咨询室，一般有两种原因，其一是自我赋能，其二是抑郁替代。

**自我赋能是对自己的再度肯定**

很大一部分偏执者在面对咨询师的时候，一开始都会产生强烈的怀疑甚至反感，原因很简单——咨询师作为心灵导师，是这个领域的权威，而偏执群体平时就喜欢指挥别人，想让他们跟随咨询师的步伐，基本上是不可能的。

很多案例表明，偏执者并不需要心理咨询，而是需要一个能听他们倾诉并且保持支持态度的陌生人。我所接触过的来访者中，有的将主动寻找咨询师这件事解释为单位的福利，也有的是被亲友"胁迫"而来，而很大一部分人喜欢反客为主。

通常情况下，他们特别在意自己在和谁对话，以及这个人是否有资格、是否够专业。他们一般接受不了催眠和年龄回溯，却对掌控咨询节奏乐此不疲。

很多时候，他们想通过咨询师分析他人的思想，以便更好地掌控局势。在这个过程中，他们不断吸取养料来进行自我赋能。

从心理学角度理解，自我赋能这个概念就是为自己找到新的核心能量。我们每个人都有核心能量，它是我们出生以来赖以生存的源泉。我们每天通过学习不断从外界获取能量，这些能量来自亲情、友情、爱情、文化、荣誉等，而我们的能量也在不断地消耗，例如丧亲、失恋、失业或者创伤等。

偏执者更需要自我赋能，因为他们面对的来自自身或外界的干扰因素多于其他人，因此积压在内心的负能量难以排解。很多偏执者在咨询时反复强调无法接受现实世界，正是通过专业引导丰富和拓展认知的过程，调整了他们的价值观和人生观，哪怕他们并不承认这一点。

正如案例十七中提到的总是怀疑丈夫出轨的女生，她接受心理咨询将近一年时间。一开始，在她近乎无懈可击的描述中，心理工作者差点深信不疑，并且计划将她归为失恋受挫群体来进行疗愈。在随后的几次咨询中，随着女生对咨询师信赖度的提高，所涉及的童年往事也越来越多，我们才开始考量女生是否属于偏执性格，并且完成了相关测试。

在整个咨询过程中，我们尝试获取越来越多的证据来质疑和推翻女生的猜忌，并且取得了一定的成功，女生对自己的判断不像当初那么有信心了，好几次进入反问自己的状态。

事实上，女生对于自己的疑心病是自知的，她只是走不出这个怪圈。她对自己杜撰的"被出轨"的故事脚本深信不疑又无法接受，于是需要通过心理咨询师这个旁观者来推翻自己的想法。

这个女生很聪明，表面上她将自己设定为"受害者"，实则她是想通过第三方来证实自己的判断是错误的，自己是被爱的，以此获得自我赋能。虽然这不能代表她的丈夫还能回到她身边，但至少，她误会了自己的丈夫、丈夫并没有背叛她的事实可以让她欣慰很久。

当然，在我们获得了她的信任后，她才愿意探讨自己对感情如此不信任的成因，也就有了之前章节中我们对她偏执本性中"嫉妒"因素的解读。

自我赋能是一个全然认识自己的过程。一般情况下，偏执者不会主动体验心理咨询，唯有被潜意识召唤时，他们才以各种不得已的姿态走进咨询室。他们表面上是如此挑剔，实际上是最真诚的来访者。他们渴望有人理解他们，并且告诉他们这不是他们的错。

自我赋能是一个激活能量场的过程，我们通过冥想来引导来访者实现。偏执群体智商很高，他们不太相信通过冥想能够激活身体内的能量场，普遍认为这就是心理暗示。他们能看透咨询师使用的技能以及目的，但是也愿意配合，甚至觉得这是很好玩的游戏。

自我赋能也是一个自我认可的过程。偏执者是自大的，也是自恋的，因此在生活中他们经常遭到外界的抨击或是否定，需要同样来自外界的人给他们正能量，而心理咨询师能从权威的、专业的角度给到他们相对贴切甚至是对他们自己都没有认知到的优势的肯定。

从事物的两极面定理来讲——劣势也是优势，优势也可能转化为劣势，偏执者引以为傲的"自信、胆大"有可能会将他们引入歧途，而他们羞于启齿的"敏感、多疑"也可以成为优良品质，关键是怎样运用，怎样把握分寸、将劣势安置在恰当的位置。就比如胆大心细、敏锐多思，如果有与之相关的工作环境，那么偏执者就会如鱼得水，不但不会觉得自己另类，而且可以将它发挥到极致。

偏执者在咨询过程中呈现的是一种高水准的参与度。说它是高水准，是因为偏执者的学习能力很强，他们中的很多人是有备而来，对于自己将要接受怎样的心灵之旅，他们会恶补很多心理学相关的知识，甚至建议咨询师对他们采用哪一种技能。

然而，心理咨询的过程实际上是陪伴的过程，一个合格的咨询师一定不是出谋划策的那个人，能产生新的、正能量的认知都来自来访者本身。从这一点来讲，偏执者擅于听懂咨询师的潜台词。是否愿意改变，改变到哪种程度，在于来访者本身的努力。

偏执者是不容易改变的，但是他们愿意通过咨询去重新考量某些受到质疑的环节，从而放下芥蒂，尝试通过行为治疗来纠正并增强自我赋能。

**抑郁替代需要及早干预**

很少有人会将抑郁和偏执联系起来。事实上，这的确是两种截然不同的情绪状态。抑郁情绪让人沮丧，对自己丧失信心，在别人眼中是柔弱的、需要被关怀和保护的；偏执则相反，偏执者自大傲慢，对自己盲目自信，在别人眼中是飞扬跋扈、不近人情的。

这两种不同的状态怎么可以混为一谈呢？

然而几乎所有的偏执者都会产生抑郁情绪，准确地说是抑郁和偏执存在一种类似交替出现的状态。

艾伦指出偏执和抑郁是同一枚硬币的两面；施瓦茨认为"偏执—抑郁存在连续体"；多伊奇指出，在他接触的所有案例中，攻击性是躁狂—抑郁的组成部分，而偏执因素存在于所有的案例中；卡坦在1969年指出，抑郁心位将偏执心位通过外化处理的攻击性冲突内化了。

我们可以这样来理解抑郁和偏执的关系——抑郁情绪是对内的一种投射，而偏执态度是对外的一种投射；抑郁情绪让人进入沉默、压抑以及内摄状态，呈现出无助感，而偏执态度来源于无助感，当事人在经历抑郁情绪时，也会引发防御机制的启动，这个防御机制就是偏执。偏执将内摄环节投向外界，将责任推向外界，从而减轻内心压力，将攻击性从对自己转向了外界。

抑郁情绪有可能出现在偏执之前，也有可能出现在其后，或者交替出现。当抑郁情绪先出现的时候，当事人会寻找合适的理由解脱自己；由于偏执的夸大性，当事人也会自知将责任外推的嫌弃，因此产生内疚情绪；当两种情绪交替出现时，当事人会有相当长的一段时间质疑自己的意图以及动机，然而这并不代表他们缺乏思考和理性，他们更懂得如何将自己排除在责任范围之外。

因此，当偏执者出现抑郁情绪时，他们完全符合抑郁群体的特征。他们来到咨询室，属于绝对无助以及求助状态，在咨询过程中出现思维迟缓、情绪压抑、自我贬低等现象。他们态度诚恳，迫切希望得到专业的帮助，尽早摆脱抑郁的痛苦。这个时候的他们基本上是以最真实的一面出现在咨询师面前，他们会讲述自己不幸的家庭、专制的父母以及惨痛的经历，从另一个层面来讲，对于整个咨询过程提供了宝贵的参考资源。

值得注意的是，很有可能在下一次咨询时，当事人会推翻之前所说的感受，进入一种自我解释状态。这时候我们发现，他们的措辞当中更多的是对外界的指责而不是自我反省。他们极其敏锐地觉察到心理工作者对他们上一次咨询中的表现的反应，因此，会更加努力消除自己"脆弱"和"不幸"的人设。当他们站在道德的制高点上批判外界时，抑郁状态消失殆尽，转而变成偏执的夸大和傲慢，但同时，焦虑有所增加。

从表面上看，当事人已经摆脱抑郁的伤害，而进入一种充满活力甚至亢奋的阶段，可能身边人包括他们自己都会为此庆幸。

从动态心理学分析，抑郁和偏执的转化，是偏执群体的功能化转变，也可以理解为不同的磁场转换，而偏执是抑郁的守护神，是抑郁的防御手段。

【案例三十七】柳婷（化名）女士因为未婚夫的离开而进入抑郁状态，她每天生活在精神内耗中，想要极力摆脱自己被抛弃以及自我贬低的折磨，于是接受了心理咨询。初次接受咨询的她在事件描述过程中会长时间哭泣，以至于咨询工作无法正常进行。而到了后期，柳婷提出一个设想——她未婚夫的离开一定和自己的母亲有关系，她的证据是母亲曾极力反对两人的婚姻，并且母亲在她成长的过程中，从来没有给到她正面积极的肯定，无论她做了什么值得赞扬的事，最后都以贬低甚至是嘲讽收场，而未婚夫的离开正是因为受不了她母亲的专制。未婚夫依然是爱她的，他的离开是迫于无奈，而就算此刻杳无音信，终有一天他还是会回来找她，她深信这一点，只要自己足够有耐心。

心理工作者觉察到柳婷的偏执想法已经替换了之前的抑郁。她画着精致的妆容，在讲到未婚夫的时候，对他的思念替代了埋怨，而将怨恨转移到了母亲的身上。

柳婷是一名拥有千万粉丝的主播，她的骄傲让她不接受自己被悔婚的事实，这显然是对她自尊心的无情践踏，也使她自恋受损，加上她母亲的控制欲望从侧面体现了偏执遗传，因此柳婷的思维转变符合偏执机制体系中的投射，并且属于由内摄向外投的转变。

我们并不主张柳婷放弃这种判断，是因为某些事实依据确实可以证明她母亲在两人之间没起过好作用，足以导致男方对婚姻产生恐惧和退缩，并且柳婷有明晰的辨别是非的能力以及对现实和妄想之间的区别能力。我们不认为她的偏执达到障碍标准，但是不排除她有偏执性格。

我们要做的是让她接受自己的抑郁情绪，并且将它转化为从正面处理事态发展的动力，而不是一味地苛责别人。

事实证明，柳婷的偏执思维还没有达到妄想状态，在抑郁和偏执之间的转化还属于防御机制的本能反应，属于正常合理现象。因此在漫长的咨询过程中，我们要做的是预防偏执思维的进一步加深，以及普及更多的自我赋能的途径。

自我赋能在很大程度上可以干预某些不良情绪的继发,不仅仅是在某个事件上的认知水平,更是对来访者在面对挫折和否定时的一种支撑,让他们通过自己的努力找到能量源。而偏执者处于抑郁情绪时,是心理工作者最适合介入并且建立信任的阶段,干预的效果也相对令人满意。

在生活中,我们很难区分一个人的抑郁是否会引发偏执,但是一个偏执的人,是一定会经历抑郁情绪阶段的,或许这很容易和双相情感障碍搞混,在此,做一个简单的区分。

双相情感障碍通俗来理解就是抑郁和躁狂的并发症,患者时而情绪低落,无愉悦感,对自己有攻击性;时而情绪高涨或暴躁,对他人有攻击性。无论是抑郁还是暴躁,双相在程度上重于偏执,且病程持续超过两周。

不难看出,双相具有破坏性,而偏执者并没有,且偏执者的明显表现是焦虑和丰富的联想,或许带有恐惧,但不至于伤害自己或伤害他人。

偏执者的暴躁更多的是一种即兴的歇斯底里,而不是长时间处于这样的状态,或者需要某些药物才能控制。它来自焦虑或者自恋受损,而不是毫无缘由,而且是在面对某个人或某种环境时才有可能爆发。

就比如柳婷,她唯有在面对母亲时才会显得焦虑和暴躁,虽然她极力想要维持母女和平相处的假象,但似乎很难做到。母亲的控制欲和她的挣脱欲望形成一对难以化解的矛盾体,柳婷的偏执来源于这个矛盾体。一方面,她想服从自己的母亲;另一方面,她又想摆脱母亲。当她服从母亲、放弃自己的想法时,她会感到窒息;而当她擅自做主、惹母亲不高兴时,她又感到深深的自责。

未婚夫是柳婷按照母亲不喜欢的模板找的,这似乎是对母亲发起的最直接的挑战，也是证明自己独立人格的成果。母亲多次在未婚夫面前甩脸也是不容否认的事实，并且母亲向未婚夫提出了超出他能力范围的聘礼要求，还不断在女儿面前数落她的未婚夫，让柳婷无地自容。虽然表面上她站在了母亲的对立面，然而在后期的咨询过程中，她承认，在和未婚夫日常交往中，她确实带着和母亲相似的鄙夷态度。她发现母亲的某些价值观已经深深地影响到了她，以至于她也同样要求未婚夫能飞黄腾达，至少可以在自己的母亲面前"长脸"。直到咨询进入尾声，柳婷才发觉，未婚夫的离开并不是母亲造成的，而是自己并没有实现人格成长，她和母亲依然存在隐形的共生关系。

因此，从柳婷的案例来分析，偏执者在通过咨询后，可以看到自己最真实的一面，与其说需要治疗情绪，还不如说需要学会成长，学会从不同的角度看待事物更为实在。

抑郁是偏执的表象，偏执是抑郁的防御。正常情况下，抑郁情绪每个人都会有，但需要关注抑郁状态持续的时间以及程度，是否和具体事件相关联。如果抑郁状态持续超过两周，并无实际事件相关联，并且有自伤、自残现象的，可以判断为抑郁症，而抑郁症所引发的偏执状态不仅仅只是一种自我保护，而是具有强烈的破坏性。这是需要和偏执者进行区别对待的。

# 偏执者与人格障碍的临界点——泛目标报复

偏执者最明显的特点是在人际关系中的过度紧张以及伴随的敌意。当他们遇到无法适应的环境或个人时，情绪就会失控，继而发生争执的可能性增大。在一部分人眼中，偏执者是冷酷而暴躁的，这两个标签似乎和躁狂症或者人格障碍贴近。然而，我们需要看到的是，暴虐不应该是偏执者的特质。

普通人同样具有暴虐潜质，只是隐匿更深，往往受文化、教育等的影响而被压抑了。如果回到野蛮时期，人们为了生存到处存在屠杀，优胜劣汰的过程从另一个层面讲也是残酷的过程；古代宫廷中的酷刑以及战争时期的暴虐事件，都体现了普通人群甚至某个朝代、某个国家的残暴，然而我们不能说制定这种机制或游戏规则的人就是精神病患者。

如何判定是偏执者还是偏执人格障碍？其实在之前的章节中我曾有提到，总结起来主要考量三个方面：首先是起因，其次是时长，最后是程度。

同我们判断抑郁情绪和抑郁症的道理一样：如果一个人无缘无故进入抑郁状态，并且持续两周以上，莫名其妙就想哭，没有愉悦感受，有自伤行为甚至想要结束自己的生命，那么抑郁症可能性较大；如果一个人经历了创伤事件，在短时间内意志消沉，却有行动能力，愿意和人交流甚至主动寻求帮助走出困境，那么这就属于抑郁情绪。

我们可以用这三个标准来解读偏执者与偏执障碍之间的区别。从起因上分析，偏执者和障碍群体比较相似，多为生物遗传，由具体事件引发；从时间上分析，偏执者更为稳定，有可能伴随终生，而障碍者会频繁在抑郁和躁狂状态中更替，他们的偏执是病态下的一种认知障碍，而非前者一般属于日常的偏执思维；从程度上分析，偏执者和普通人没什么两样，只是一种风格体现，没有毁灭性的破坏行为，相反，偏执者的内心坦荡纯净，就像是淤泥中的莲花，他们天赋卓然且聪颖，能识人断物，时而自大时而卑微，而障碍者或许也聪颖，然而他们的优势用在不恰当的地方，比如妄想（非幻想）、算计，且他们的状态在毁灭自己或毁灭他人中摇摆，因此很多偏执人格障碍者同时也具备边缘性人格障碍特征。

电视剧《开端》中陶映红扮演的高压锅大婶因为女儿的死亡而诱发了偏执障碍,她制订了周密的计划,私自制造炸药想与公交车上的乘客同归于尽,以此为女儿报仇。为此,她不惜搭上了全部身家购买制造炸药的材料,屡败屡试,甚至毫不顾惜作为该车司机的丈夫的生命以及其他无辜者的生命。

在整个偏执发展过程中,锅姨同样经历了漫长的抑郁状态,直到将悲伤的矛头指向了害女儿被撞死的公交车,她才找到了活下去的意义,而这也是偏执人格黑化的开端。

为何断定她属于障碍者而不只是偏执?很简单,如果她只是放不下女儿的惨死,锲而不舍地排查死亡原因直到找到真相,那么她在对待丧女这件事上属于执着或偏执;然而她偏偏谋划了炸毁公交车这一恐怖事件,从犯罪心理学分析,她已经产生了作案的动机,而从人格障碍分析,当时的她已经进入毁灭性行为阶段,与人格障碍特征相吻合,加上她并非针对某个人,而是涉及所有公交车上的乘客,甚至自己和丈夫,因此不排除自毁动机,这就是人格障碍的特征。

影视剧反面人物或现实生活中的恐怖分子、恶性事件犯罪分子,比如变态强奸犯、连环杀人犯等,多数有偏执和边缘双重人格障碍。

之所以在提到强奸犯和杀人犯的时候加上前缀,是因为偶发事件不能充分剖析罪犯心理问题,有可能是受了毒品和酒精的刺激或者是自卫杀人,而连环作案就能彰显罪犯的内心独白,也就是接下来我们要一起探讨的——泛目标报复。

在很多精神疾病中,"泛目标"为疾病程度提供了重要依据。如果有人告诉你有一个男生在追求她,那么你会深信不疑。但如果那个人告诉你,身边的男人全都喜欢她,那你一定会觉得她"很神奇"。显然,后者属于妄想症或进入了幻想状态,且与现实状况严重不符。

同样道理，偏执人格障碍在发展初期可能只是社交障碍、易激惹以及时常进入惊恐状态，随着严重程度的加深，就会出现妄想或者是幻觉，这时候，他们会进入一种时刻戒备的状态，对于接近他们"图谋不轨"的人主动攻击。

偏执人格障碍的起因往往和基因有关，且当事人在成长过程中长时间遭受专制、暴力或虐待的可能性极大。一直受到否定，在低自尊以及恐惧状态下成长起来的他们，童年时期的症状可能尚在萌芽状态，例如反复梦魇、惊恐以及抑郁交替，到了学龄期，可能发展成为"校园恐惧症"。

关于校园恐惧症，在之前的案例二十九中有提到过——小华的恐惧属于内摄，他的躯体反应和社交障碍来源于内心性别取向的冲突，且属于轻症。这里要讲的另一个案例的主人公也是一名学生，他属于典型的偏执人格障碍患者，我们暂且叫他小丁。

【案例三十八】小丁是一名初三学生，一次课间和同桌发生争执，用随身携带的刀具刺伤了同桌及多名同学，并伴难以遏制的狂躁情绪。后期，小丁被诊断为偏执型人格障碍及精神分裂，被送入医院住院治疗。

小丁为什么会随身携带刀具？从他的描述中我们获知，自从他在班里被老师当众批评后，总是觉得同学们在有意无意地挤对他，在言语或肢体上羞辱他。上学这件事给了他很大的压力，他每晚做噩梦，又因为上课打瞌睡再度被老师点名批评，引起全班哄堂大笑，特别是他的同桌，耻笑的声音反复回响在他耳边。他十分害怕夜晚，因为一到晚上，各种嘲笑的声音就会纷至沓来，于是失眠成为家常便饭，而他对同桌甚至所有同学的憎恨也在加剧。他认为同学和老师都看不起他，并且试图加害他，为了自保，他偷偷买了一把匕首插在腰间，这让他感到十分安全。于是，悲剧就这么发生了。

从事件本身分析，老师和同学的做法确实存在不对的地方，但还不至于招来"杀身之祸"。从小丁的家族史分析，小丁的母亲是一名偏执型人格障碍患者，长期接受药物治疗，小丁在幼年时期就眼睁睁地看着父亲和母亲因为一些琐事厮打在一起，并且多次被父亲当成出气筒，他将父亲带给他的羞辱投射到了老师和同学身上。他憎恨的"被蔑视"实际来自他的家庭，而受体却是外界。从病症来分析，小丁出现严重失眠、抑郁躁狂更替、被迫害妄想症以及泛目标报复行为。

同时，与"泛目标"同步考量的是现实依据。所有正常范围内的顾虑和怀疑都是由现实依据来支撑的，而妄想和幻想则缺乏支撑。

偏执者也会产生广泛性的焦虑和质疑，但往往和某些事实相吻合或者由具体的事件合理推断而来，那只是因为偏执者天性敏感，而非凭空杜撰。并且，他们的推断会随着证据链的变化做出调整，和障碍者或分裂者截然不同。

偏执者会因为某些特殊原因对某个人或某个群体反感，但不会对所有人反感，且如果这个群体中的某些人让他们改观，他们也愿意对认知进行重新洗牌，并将这些人从"黑名单"中分离出来，但是前提是这些人有足够的耐心让他们改变看法。

从偏执者发展到人格障碍的过程，有可能是一触即发也有可能终身免疫。我们没有证据证明偏执者一定会发展到人格障碍，只能说在障碍人群中，绝大部分人是从抑郁和偏执的更迭中发展而来的，而偏执者的抑郁状态并不明显或者说长期存在。

障碍人群对自己的行为和认知偏差所带来的威胁和危害是不自知的，相反，他们会沾沾自喜，认为自己很不好惹，很厉害。比如一个施暴者会因为他成功地控制了某个人而自豪，他们的忏悔只是进入了短暂的抑郁状态而非悔悟。因此，家暴或冷暴力会持续发生。

而对于他们所伤害的人，他们会以"害怕失去""爱得太深"作为理由，实则是运用了否认这一防御机制。

障碍人群在处于"临界点"的当口或许是可以挽救的，他们或许也发出过求救的信号，通俗理解就是在黑化之前的挣扎。然而"妄想"阻断了求救信号，并进一步将他们推向了深渊。

电视剧中锅姨在筹划恐怖事件之前，也曾多次来到派出所，要求寻找导致女儿发生车祸的始作俑者。只是在死亡界定上，她的女儿确实属于违规下车导致的死亡，无法追溯到车上具体发生了什么。当锅姨的丈夫半推半就在死亡证明上签字时，她内心的仇恨也就随之萌生了。她认为是眼前的所有人，包括公交公司、派出所以及当时在公交车上的乘客合谋害死了女儿。这无疑是夸大的、不符合事实的，但这正是促发她偏执障碍的导火索。

在最后两集，男女主人公在公安局的协助下将猥亵死者的油腻男逮捕入狱，故事终于改写。虽然锅姨和丈夫入狱了，但她的心结也打开了，试想如果正义来得更及时一些，她又何以会报复社会呢？

当然，这只是吸引眼球的故事情节，然而在很大程度上体现了障碍者步入歧途的标志性行为——泛目标报复。

"敌意"一旦进入泛化，那么认知也会随之变得迟缓和刻板，障碍群体所启动的防御机制围绕着保护自己或报复他人展开。这时候，无法用认知疗法或行为疗法更正，这些在障碍者眼中只是雕虫小技，更是对他们"伟大思想"的亵渎。

一般情况下，进入泛化状态的障碍者多多少少伴随精神分裂迹象，因此该是精神科进入干预的阶段，情节比较轻的或者拒绝去医院治疗的，也会偶尔找咨询师聊聊近况。

这类人还没有完全达到毁灭性破坏的程度，但同样具有一定的危险性。当他们发现你的眼神中带有质疑时，很容易引起他们的反感甚至当场发飙。

这个现象在偏执群体身上很少出现。相反，偏执群体在接受咨询时，往往会努力展现自己良好姿态的一面。他们试图隐藏自己的不堪，除非他们刚好进入抑郁状态，这和偏执者典型的"自恋"特征相吻合，他们更多是参与到咨询师的分析工作中，推翻和否定有损于自身形象的结论或判断。若是能在咨询师口中得到更多的肯定，那就更好了。

因此，心理工作者很乐意和偏执者进行探讨，他们不但不具备危险性，而且是很有想法的一群人。

## 测验：偏执型人格障碍自测

PDQ人格量表（Personality Diagnostic Questionnaire，PDQ）出自美国海勒（Hyler）博士根据DSM-III中人格障碍的诊断标准编制的自陈式问卷。后期因DSM-IV的问世，PDQ进行了修订（PDQ4+），用于评估筛查DSM-IV中的12种人格障碍：偏执型PND、分裂性（分离型）SZT、分裂型SZD、表演型（癔病型）HST、自恋型NAR、边缘型BDL、反社会型ATS、回避型AVD、依赖型DEP、强迫型OBC、被动攻击型PAG、抑郁型DPS，偏执型属于其中一种。

问卷由杨蕴萍等人进行翻译修订，汇集12种人格障碍领域。通过选择分值，对照12种人格障碍特征进行筛查。以下是与偏执型人格障碍相对应的条目，请按照您自己的思维方式以及处事习惯，选择"是"或"否"，并与人格特征相比对。

1. 我知道如果我任由别人怎样待我，他们将会从我身上趁机得利或试图欺骗我

2. 我常常寻思我所认识的人是否真正信得过

3. 别人会把我向他们所说的话当作将来使我不利的把柄

4. 我时常留意与琢磨别人话中所隐含的意思

5. 我不会忘记和原谅那些待我不好的人

6. 当别人中伤我时，我毫不犹豫给予还击

7. 我常想弄明白我的妻子（丈夫、女朋友或男朋友）是否有过不忠实的行为

（量表版权归海勒博士团队所有，本书仅做学习参考使用）

按照美国的划分标准，如果有 4 条及以上选择"是"，则该人格障碍呈阳性。选"是"的条目越多，表明人格重叠性越大。

介于之前有讲到偏执者的性格特征，可参考此量表做一个病理方向的排查。实际上对于偏执者来说，同时会有自恋、分离或强迫倾向，只是在程度上达不到障碍标准。

我们做量表的目的不在于增加自身的焦虑程度，量表中呈现的部分征兆其实每个健康人都出现过。人格或性格中的瑕疵和幼年成长环境以及心境相关，这再正常不过了。

我们需要进一步了解身边的人，如果身边有偏执者，那么通过量表的性格呈现不难发现，很多无法理解的言行，只是偏执者的另一种表达方式罢了；我们也需要进一步了解自己，如果自己是偏执者，那么客观评估自己，有益于更好地处理人际关系，不让自己处于恐慌或焦虑的状态，走出社交怪圈。

# 第 6 章

# 偏执者如何走出社交怪圈？

## 自我觉察是一种怎样的体验？

自我觉察是完形治疗的核心环节，通过适合的技能让咨询者对自身感受、感觉加以觉察，以达到人格的完善和情绪的调节。完形治疗的创始人是弗洛伊德的弟子皮尔斯，这种疗愈过程区别于传统的谈话咨询模式。它主张放弃主观的理性思考，而是回到身体本身，强调身体"想要说什么"和"想要什么"。同样地，自我觉察也在临床催眠领域起到了举足轻重的作用。

我们为什么需要自我觉察？

在日常生活中，无论遇到大事小事，我们都习惯用理性的方式去看待或解决，往往更加重视"我该怎么做"，而忽略了"我的感受是什么"。而人的身体是有记忆的，它将你的感受隐藏了起来，当某些事好像随着时间的流逝而消散，记忆却依然存在，并且阻滞了我们情绪的正常代谢，也就形成了心理阴影。在心理学领域，我们也将这种感受称为"未完成的事"。

【案例三十九】小陈在上班途中遭遇了车祸，他的第一反应是查看自己伤到了哪儿以及该怎么和肇事者理论索赔。所幸他伤得并不是很重，半个月后，他就能拆石膏走路上班了。然而奇怪的事情发生了，每次遇到街头拐角的时候，他总担心会有小轿车撞他，越是担心就越是害怕，甚至养成了遇到拐角瞻前顾后、进退两难的毛病。小陈接受了心理咨询，在咨询师的引导下，他完成了自我觉察，才发现当时被汽车撞倒的一瞬间，自己是多么害怕。在回忆当时的感受时，小陈出现了身体颤抖的现象，这其实就是事发当时没有被处理过的感受，虽然小陈的外伤好了，身体却清晰地记得发生车祸的一瞬间产生的恐惧。恐惧就是小陈没有处理过的感受，当然还有一系列的情绪反应，这些恐惧、委屈、愤怒和紧张是小陈的身体语言。可想而知，当一个人想表达却被强行制止的时候，该有多难受。

心理咨询师通过"空转椅"技术，让小陈分饰两角进行对话，一个是理性的小陈，一个是感性的小陈，让两个角色分别回忆车祸当时发生了什么。理性的小陈描述了事发以及处理结果，甚至运用了法律常识，而感性的小陈讲到了感受。他突然明白，原来他真正需要面对和接纳的是感性的自己，当他毫不避讳讲起恐惧后，反而不那么害怕了，渐渐意识到那是已经过去了的感受，他的心病自然也就慢慢痊愈了。

自我觉察通常分为三个范畴：自我觉察、对环境的觉察以及自我和环境之间相互影响和制约的觉察。

偏执者在这三重关系中，往往偏重于对环境的觉察。以前我们讲到过，偏执者的感觉系统就像是雷达一样扫描着周围的一切。然而，如果没有一定的专注力来透析这些现象，采用联动的方式进行分析，那么，他们看到的或许只是表面现象，也会因此产生误会，引发矛盾。

自我觉察就是激发人的专注力，而专注对于偏执者来讲并不难做到，因此，自我觉察适合偏执者进行疗愈。只要将更多的注意力集中到自己以及自己和环境的互动关系上，那么很多问题将迎刃而解。

偏执者的思维迟滞来源于焦虑，而焦虑的底层逻辑是矛盾。人格之间的碰撞与交叠往往是因为不知道该如何抉择，有的事情明明过去了，心里却依然放不下，因此会出现愧疚、悔恨或积怨。

我们通过自我觉察，可以让人格之间产生对话，理清混乱的思维逻辑，从而达到调节情绪、接纳真实感受的目的。唯有真实，才能帮助偏执者做出正确的决定并且不至于产生焦虑。

【案例四十】一位母亲非常紧张儿子每次的考试成绩，从小学一年级开始一直到高三。她越是望子成龙，越是给儿子带来很大的精神压力，而她却一如既往地为帮衬儿子考上好的大学而竭尽全力。事实上，她儿子的成绩一直处于中等以下的水平，考上母亲期盼的名校的希望很渺茫。可是这位母亲似乎是着了魔，她认为不到最后一刻，说没有希望为时过早，一年考不过还可以高复，高复考不过还可以再高复。实际上，他儿子的理想是成为一名甜品师，他排斥学习，能考上名牌大学并不是他努力奋斗的目标。因此，母子之间的嫌隙越来越大。

他们走进咨询室，是为了挽救岌岌可危的亲子关系。在对母亲单独咨询的时候，工作者发现，母亲强行植入的想法以及对儿子的盲目评价已经到了偏执的程度。工作者对她采用了自我觉察中的"空椅子"技术，尝试让她和自己对话，结果失败了。对于偏执者来说，无论是真实的自己还是妄想中的自己，两者想要达到的目标是接近的，正如这位母亲，她真实的想法是望子成龙，而让她产生矛盾和危机感的原因是儿子居然考不上一本或以上的大学，而不是亲子关系。她带儿子过来咨询的目的，并非想缓和亲子关系，而是想通过咨询师让儿子可以更加听话、更加努力地学习。

可想而知，这位母亲的想法已经偏执到不惜任何代价，哪怕和儿子的关系决裂。当我们发现无法用人格对话的方式帮助这位母亲后，提议让她监听儿子的疗愈过程。

由于长时间的强压管教，这位儿子出现了抑郁的状态，晚上失眠，白天焦虑。工作者知道，他的内心充满了矛盾，尝试让他通过自我觉察打开心扉，能够直面自己最难以面对的境遇。

在自我觉察中，工作者让他放松，并让他回忆一个月以内记忆犹新的梦。他很快想起三天前，在他和母亲发生争执后的一个噩梦。他梦到母亲变成了一头猛兽，在身后不停地追赶他，而他站在了深不见底的悬崖上。工作者问他悬崖代表了什么，他回答是死亡。这个答案让所有听到的人都大吃一惊，包括他的母亲。在孩子的潜意识里，已经在开始关注死亡这回事，这是一个非常明显的求救信号，也是一种暗示。

一系列的心理量表表明，这位儿子的抑郁显然有所加重，而面对儿子真实的恐惧，这位母亲终于幡然醒悟，或许自己想要强加给孩子的道路，并不适合他。她慢慢接受了孩子抑郁的现实，并非是她认为的懒惰和不思进取，也慢慢开始调整自己的观念，并尝试让孩子接触自己感兴趣的领域。

而对于抑郁的儿子，我们在后期运用了"我负责、我可以"的自我觉察方式，提升他的自信心，让他站在越来越高的平台上大声讲"我可以对自己的人生负责""我可以活成自己的样子""我可以对前途负责"，加上母亲的理解和转变，两人不仅找到了新的、正确的努力方向，亲子关系也渐渐得到了缓和，这位儿子的抑郁状态和母亲的焦虑，也渐渐消散了。

当然，自我觉察在日常生活中也随时可以运用，它并不是心理咨询师的专属技能。比如偏执者最需要觉察到的是自己的妄想状态、情绪状态和极端言行。

在区别偏执人格障碍和偏执分裂症之后，偏执者的自我觉察更有普及性以及纠正意义。这将在以后的章节中详细讲解，偏执者该如何通过自我觉察调整自身状态。

## 在"拒人千里"与接纳之间,是否存在灰度地带?

我们重新回到偏执者"孤僻"以及"拒人千里"这个问题上来。人际关系回避是偏执者典型的表现之一。他们不喜欢交际的很大一部分原因,并非他们不开窍,恰恰相反,他们太了解人的欲念以及目的性了。

偏执者最大的问题是不能接纳那些和自己不一样的人,因为自己站在了道德的制高点,于是俯瞰众人皆为蝼蚁。这个想法不仅推开了别人,也封闭了自己。

有一句老话说得好,"前半夜想想自己,后半夜想想别人",意思就是人不但要学会了解自己,还得学会体谅他人。

偏执者习惯用自己的尺度丈量他人,他们的意识里存在的都是两个极端——"好"与"坏";"值得"和"不值得";"愿意"和"不愿意"。

比如他们可能在初次和陌生人打交道时,并不会全盘推翻他人,也抱着某些期待。在交往过程中,人与人之间的差异渐渐体现出来,偏执者就喜欢按照自己的衡量标准来评判他人,根据交往过程中自己情绪的好坏、对方态度的好坏,来推断这个人是否值得深交,或者是否值得合作。同时,在下一波接触中,偏执者在是否愿意和这个人打交道上是非常显象或者说挂脸的。如果这个人他们不喜欢,就会懒得搭理或者针锋相对;如果这个人是他们愿意交往的,则会表现得格外热情,也会保持一定的黏性。

然而社交关系并不是非黑即白的,中间的灰度地带该如何解读?对于偏执者来说,这是一道难题,必须放下尊严,偏执者难免会因此吃亏。为了不见某些人而放弃极好的机遇的偏执者,也大有人在。

【案例四十一】大学生小环（化名）是一个品学兼优的学生。她爱好广泛，以凡事做到最好来要求自己，自然也成就了自己，在绘画、围棋等领域收获了不少奖状。大四上半学期，学校征集作品参加国际美术设计比赛，获奖人员不仅可以获得高额奖学金，还可以拿到国际公认的设计奖项，这是难能可贵的一个机会。毕业后能从事大牌珠宝设计是小环梦寐以求的，然而她却仅仅因为有一个她讨厌的学生也报名参加了比赛而决定放弃，这让对她投注很多期待的班主任和系领导很着急，因为她的水平显然高于其他学生，而学校的名额是有限的。虽然老师们对她做了很多的思想工作，依然没有让她改变主意。于是，老师请来了学校的心理辅导员。辅导员尝试让她在"愿意"和"不愿意"之间找出三个中间答案。一开始小环并不配合，但在辅导员的指引下，她慢慢意识到，原来还可以"为了学校的荣誉"、"为了父母的期待"或"为了未来的品牌青睐者"去参加比赛，而不仅仅停留在个人的喜好和人际关系上。辅导员用同样的方法让她在"值得"和"不值得"之间找出三个中间答案，这次她熟练地在"那名同学也有自己的个性""那名同学并没有和我那么熟""那名同学只是个参赛者"，从而建立了对那名同学新的身份认定，而不是停留在过往的某件事情上。

小环最终获得了梦寐以求的荣誉，而辅导员的这个"灰度地带"的游戏也被她熟练掌握，应用在很多矛盾和焦虑的关键时刻，帮助她做出正确的决定，开拓了她思考问题的角度。

实际上，在人际关系中，大多数人都喜欢亲近认可自己的人。只是在偏执者周围，认可自己的人实在缺失，因为每个人都会有自己的想法，不可能一味地遵从某个人的意见和想法。

偏执者养成的"唯我独尊"式的交友方式显然是不现实的，自然应当用更多的态度来理解他人、尊重他人，以及适当放宽自己的丈量尺度。

"灰度地带"游戏可以帮助偏执者多维度思考。正如硬币落下来的时候不只有两面,也可能站立一样,每一个事物的判断、人和人之间的交往,都会存在很多有利的、可持续发展的必要,我们要做的就是在自己武断的时候,想想有没有第三种甚至是第四种可能。

由此,我们可以从以下几个维度来做"灰度地带"游戏。

首先是"三个是什么"。

三个是什么,指的是对事件本身的多维度理解。还是拿小环来举例。小环和那位讨厌的同学的矛盾来自一次聚会,同学没有接受她递过去的饮料,在小环看来,那个同学就是不领她的情,辜负了她的好意,不是朋友那就是"敌人"。

按照"灰度地带"游戏,小环需要找到陈述事件的三个说法,比如小环这样陈述:

> 那位同学拒绝了我的饮料;
> 那位同学不想和我做朋友;
> 那位同学看不起我。

显而易见,唯有第一个讲述的是事件本身,而另外两个是由这件事引发的个人猜想和观点。在没有得到更多证据之前,这么判断是缺乏事实依据的,更多的是自己的主观臆断和自恋受损在作祟,导致小环错误认知的这一点需要让她自己看到。

其次是"三个为什么"。

针对那位同学没有接受小环的饮料,需要小环提供相对可靠的三个猜想。根据小环的努力回忆,她似乎找到了三个她认为最有可能的理由:

> 那位同学说她不喝饮料,可能真的和她的体型有关,因为那位

同学身材较胖；

那位同学担心自己没有好吃的东西和我交换，因为她并没带准备零食的背包；

那位同学是内向的人，这是公认的事实，可能和她的家境有关，因为她父母离异了。

在整理这些证据链之后，小环似乎可以接受那位同学的这个"拒绝"了。两个人初次相见，有什么可能彼此针对呢？小环意识到，事情可能另有隐情，也意识到确实是自己太武断了，她学会了多维度寻找原因。

最后是"三个怎么办"。

寻找事实的真相并不是靠自己的猜想，而是应该主动证实这一切。如果类似的事情再度发生，我们应该怎么办？

主动探寻原因，有礼貌地获知答案；

讲出真实感受，比如"你没有接受，我感到有些失落"；

接纳对方的解释，无论对方说什么，我们要学会尊重和信任。

这个游戏可以帮助我们查清原委，避免在人际关系中过度敏感、产生误会、拒人千里。

从另一个角度分析，小环接近那位同学，并且一开始那么坚信对方不喜欢自己，其实是一种投射心理。不喜欢对方的人是小环自己，这是由于她早就知道那位同学和她在学校排名榜上一直是不相上下的。

偏执者排他的原因，一方面或许是对方不友好，另一方面就是性格中携带的嫉妒。偏执者的自恋让他们不喜欢接纳和自己一样优秀的人，并且产生内卷关系。偏执者不喜欢参与比较，让自己处于不确定的状态，或者面临失败的危机。这将会让他们自尊和自恋双重受损,是他们不喜爱并且不能坦然面对的。

那么一旦遇到产生竞争关系又无法脱离的人该怎么办?如果是学生,难道真的为了某个人或几个人放弃学业以及自己的前程?如果是职员,难道真的为了那些人而选择一次次地离职、再就业,然后再离职?结果会发现,无论你到哪里,"讨厌的人"只多不少,彻底隔离他们只有一个办法,就是跑回家,躲起来,过一个人的生活。而这现实吗?有必要吗?正常的交际和工作学习都不要了吗?

显然不是。逃避会让偏执者进入另一种焦虑——不作为焦虑。小环需要明白,荣誉不是一个人的荣誉,那位同学有自己的内心世界需要保护,不是每个人都能处成朋友的,也可以是竞争关系或者其他。既然都会让人焦虑,还不如允许灰度地带的存在,并且热情拥抱它。

## 论证是打破"阴谋论"的最佳方法?

什么是阴谋论?

社会心理学将阴谋论视作一种意识形态上的信念,并定义为人们将重大的政治或社会事件归因为有权力的群体或个人暗中预谋以达成其目的的解释倾向。

文中要讲的"阴谋论"更倾向于人与人之间因互动关系,比如同事关系、恋爱关系、商贸关系等,为了利益或情感以达成目的的解释倾向。

第一种我们也可以理解为广义上的"阴谋论",比如老生常谈的美国"9·11"恐怖事件,当地民众认为政府是操控事件的幕后黑手;肯德基、麦当劳这些垃圾食品是西方国家想通过食物链传输文化以及搞垮中国人体质的特殊渠道；长春长生疫苗事件受人操纵；以及新冠疫情的病毒来源，一开始被某国传扬为"中国制造"。

这些事件的"阴谋论"，不仅关系到民生，也成为社会心理学重点关注和研究的对象。社会心理学家认为，阴谋论来自某种集体信念，即便这种认知尚未找到事实依据，但符合其心理需求的人会盲目追随并且保持高度的信仰。

阴谋论具有普遍性、情绪性、社会性和后果性特征。普遍性指的是产生阴谋论的潜在因素，和文化、时空无关，世界各地都有人信仰阴谋论并受其影响；情绪性是指阴谋论和消极情绪关系密切，越是容易焦虑、缺乏安全感和掌控感的人群越容易成为追随者；社会性是指阴谋论是一个群体间的信念，比如"9·11"事件被视为政府对民众的行为，政府和民众都是群体的代表；后果性指的是阴谋论在未得到证实之前，以讹传讹的过程对个人和某群体造成的影响和伤害。

第二种我们可以理解为狭义上的"阴谋论"。它的起源借鉴于广义的阴谋论，却在特征上呈现不同，立足于个人风格之上的感知模式。这种"阴谋论"更像是偏执人格障碍中的"妄想"，但程度上还未达到病态，属于正常人在特定环境产生的联想反应。因此，我会将它引用到偏执者人际关系或思维地图的解释中。它具有局部性、情绪性、虚构性和后果性四个特征。

和广义"阴谋论"相反，个体"阴谋论"存在于局部群体甚至个别人。他们虽然也不受时空和文化的影响，但他们的立足点和自己息息相关，而不是社会事件，因此波及的范围只和身边的人相关。情绪性以焦虑、依恋为主，同样具备失控和不安全感。最关键的在于虚构性，和广义的"阴谋论"产生了本质区别。广义阴谋论更多是一种信念，刚好符合某群体的认知范畴，形成一种结盟状态；而狭义的"阴谋论"原则上是主观臆想，是当事人将生活中发生的某些人和事件串联到一起，形成某种被控制、被针对的局面，并由当事人传扬给更多人。后果性主要是对自身会造成较深远影响，属于投射和否认的防御机制，阴谋论增加（而不是减少）了无助感。

从社会心理学分析，个体之所以会产生"阴谋论"主要和错误的认知模式相关，即过度关注他人和事件之间的联系以及动因和意图。这个群体的人一般都相当敏感，容易在不相关的人和事件之间穿针引线，形成一个全新的事件，并且对其深信不疑。

我们一起回忆一下偏执者的风格——敏感多疑、着眼于细微末节、爱联想、信任危机、焦虑等，这些特性潜移默化地促就了"阴谋论"。

研究表明，感到被剥夺权利和焦虑的个人更有可能成为广义阴谋论的追随者，也同样更容易成为狭义阴谋论的制造者。这是由于这个群体的人对安全感和控制感的需求更高。

"阴谋论"对感觉形象受到威胁的个人和对独特性有高度需求的个人更有吸引力，可以服务于满足维持自恋和自尊的需求，而偏执者正属于这个群体，它也与偏执思维机制中的妄想元素相符合。

【案例四十二】小廖是我咨询室的常客。她最近和网恋男友分手了。奇怪的是，她在同一个游戏中遇到了一位似曾相识的男性好友，小廖认定这个人和前男友有着千丝万缕的关系，甚至可能是前男友的"小号"。因为这个人的口头禅和游戏中的表现，和前男友十分相像，并且，同样的"小号"似乎一下子出现了好几个，在和小廖聊天时，似乎刻意在引发她对前男友的一些回忆。小廖将这些"小号"和前男友组成了一个团体，其中有男有女，并且有一位和她玩得时间比较久的女生，几乎成了她的闺蜜。这些人其实只存在于网络中，并且男女难辨，小廖认为他们很可能是同一个人或相互认识的盟友甚至是犯罪团伙。小廖曾对闺蜜说过，希望前男友可以回到自己身边,结果第二天,前男友真的给她发了复合的留言,这让她笃定这些人一定是互通信息的。可是目的会是什么呢?小廖陷入了迷茫中,感觉自己像是一位入戏的演员,一边和那些人周旋,一边探索着他们的动机。其间她和前男友复合,甚至当面说出了自己的猜测,但前男友表示自己没有"小号",并且没有必要这么做。小廖又发现,只要和男友闹矛盾,游戏里的这些好友就会活跃起来,似乎在中间穿针引线。这让她细思极恐,她害怕遭遇团伙胁迫,同时,她又担心自己是不是得了妄想症。

小廖的思维图式就是一场"阴谋论",对手是"和男友有关系的团伙",他们的"作案"对象是自己,于是她每天在忧心忡忡中度过,并且不敢在这个游戏中结识新的好友,因为她害怕再遇到男友的"小号"。

偏执者的"阴谋论"其实很常见,几乎每天都会有新的剧本。比如和同事之间的竞争关系以及那些他们认为"故意接近我的人",背后可能有各大 Boss 在谋划;比如比自己年龄小的恋人,是不是把自己当成了功成名就的工具;比如家中被父母收养的哥哥和他的原生家庭,对父母的敬仰是不是存在着其他的企图,等等。

从"阴谋论"的第四个特性分析,"阴谋论"对于偏执者在感情、事业上的发展起到了阻滞作用,并且给他们带来了更多的无助感。无助感在于他们发现自己一个人无法面对一群人的"盘算"和"围攻"。通常情况下,他们只要和目标人物接近就会处于备战状态,对于对方的言行观察更为细腻,在情绪无法控制的时候,容易对他们提出质疑甚至警示。

那么,作为"被算计"的当事人,偏执者该如何走出"无助感",停止精神内耗?

当我们认为自己处于别人的"阴谋"中时,难免会失去控制感。

比如在日常生活中会遇到"杀猪盘",只是通常情况下,普通群体会对骗局反应迟钝一些,很多被骗的人到真相大白那一天依然沉浸在骗子的"爱情童话"中,而这个时候,对方已经全身而退。从这个角度来讲,偏执者的敏感能帮他们及时看清骗局,不至于溃败,只是偏执者过于执着剧本的编写,以至于将很多毫无牵连的人和事编排成一场"阴谋",无助感也会随之而来。精神内耗来自不断地在这些元素中寻找证据,不断地报以希望,也会全然推翻,没完没了。因此,无助感和焦虑感总是相伴相随,严重影响偏执者人际关系的良好维系。同时,一直未雨绸缪自己该如何在这场"阴谋"中安全着陆,也是很消耗精力和情感的一件事,会给当事人造成压力,引起易怒和失眠。

那么如何辨别怀疑对象是否存在阴谋?这里有几个建议给大家:

首先我们需要找到矛盾和突破点。

比如小廖后来在同一个游戏中发现那些她怀疑的人在同一时间上号,并且各玩各的,并没有交集,这就是矛盾点。如果他们是男友同寝室的或同班同学,既然那么相互信任和默契,为何没在一起玩游戏呢?难道就是为了避免小廖产生怀疑吗?谁真的那么有时间和精力下那么大一盘棋呢?

比如小廖还发现,有的好友对她表示了好感,这和她之前想象的——他们都是男友的同盟相违背,既然穿针引线想促成她和男友和好,又怎么会在两人和好之后"挖墙脚"呢?

其次,主动建立证据。

比如怀疑自己的对象"意有所图",可以通过假意失业、转岗、破产等理由观察男友的变化,当然这个方法"杀敌八百,自损一千",还得靠自己圆回来。如果试探结果是对象的忠诚度有变,还算是止损,但如果冤枉了好人又被他们发现了,结果是很凄惨的。

最后,和"阴谋者"交朋友。

通常情况下，我们一旦发现自己是被别人谋划的棋子，都会避开那些人，但如果想要证实"阴谋"的真实性，我们反而应该接近那些威胁到你的人，才能反客为主，建立新的有利条件去验证。

比如小廖怀疑那些人和男友认识，可以约他们在同一个时间点玩游戏，因为她玩的游戏可以看到盟友所在的城市，如果不在同一个城市，那么她的猜想也是不成立的。

总之，无论什么方法，都需要针对怀疑对象的特征去进行验证，偏执者的敏锐这时候派上了用场，在建立新的证据链的时候，发现蛛丝马迹不是难事。

接下来，如果我们发现确实将一些毫无关联的人和事"阴谋化"了，该怎么办？这得从偏执者的幼年时期讲起。

约翰·鲍尔比在其开创的依恋理论中指出，婴儿在遭遇痛苦或受到威胁时，在生理上会依恋自己信任的人，称为"依恋行为系统"。依恋行为的主要目标是缓解焦虑感，获得安全感，而拜纳、克莱克和肖微发现，成人依恋风格分为依恋焦虑和依恋回避两种不同模式。其中焦虑依恋的人更加专注于自己的安全感，对危机感更加敏感，对外界持有负面看法，并保持警惕状态，因此焦虑依恋的人更可能持有"阴谋信念"。

偏执者因为幼年或曾经遭遇的被抛弃事件，形成了焦虑体质以及焦虑依恋，因此容易对外界的人或事形成过度反应，夸大威胁的严重性，并持有阴谋论信念，这并不奇怪。

我们要做的是，意识到自己的这个特性和风格，在头脑中产生疑问的时候，同时问问自己是不是自己的"信念"在作祟。

当然，我们并不需要特别纠结自己的这个风格，因为很多偏执者正是因为持有这个特性才屡创佳绩，比如侦探福尔摩斯以及刑侦人员，都是从探讨案情开始，再找出证据，最终破案。

此外，偏执者的"阴谋论"很多时候是一种投射，当他们遇到创伤事件时，某些关于"阴谋"的解释能让他们走出阴霾。比如小廖，她认为男友和她分手后，想要重归于好，因此设计了这场"阴谋"围堵她，通过盟友帮助追回自己。虽然男友后来并不承认这一点，但小廖的内心依然被浓烈的追求快感所包围，这对处于分手状态的小廖来说是一种自我疗愈。当然，这场莫须有的"阴谋"是建立在自恋基础上的。

大量文献表明，具有焦虑或回避依恋风格的个体在人际信任方面往往得分较低。考虑到焦虑依恋预示着低人际信任以及对世界的威胁性和危险性的认知增加，那么在一个充满不可信他人的威胁世界中，支持阴谋解释可能是获得补偿控制感的一种方式。

在这个层面上，我们并不想阻止偏执者走出"阴谋"。只要是对自己有利的，那么就算是"阴谋论"也是具有积极意义的。只是，如果我们将自己的敏锐用在无关紧要的、身边的小事上，是不是有些大材小用呢？毕竟，偏执者的想象力可以帮我们完成更重要的任务。

## 在争论之前，请慢数三秒

偏执者为什么特别易怒？

对于偏执者的易怒，很多人难以应对，明明前一分钟还聊得好好的，但不知哪句话踩到了雷区，后面只能靠不断解释找补回来。偏执者不一定愿意告诉你哪里错了，你能明确感知到对方生气了，并且处处数落你，但却不告诉他生气的原因。

反过来讲，如果你觉得偏执者和你争论的都是一件件微小的事，那么至少证明他们并不是真正在这些事上和你过不去，一定存在其他原因，或者说有其他想要实现的目的。

因此，你大可不必在这些小事上和他们争论不休，而是冷静下来想想其他因素，只要能满足偏执者内心真正想要的，有的放矢，争论也就不存在了。

偏执者之所以易怒，依然需要归因到他们的认知建构。齐格勒与格利克提出，偏执人格既是低自尊的防御又是一种保护性的抑郁。

我们之前讲到，偏执人格中含有低自尊以及抑郁因子，偏执人格由低自尊、抑郁演变而来。低自尊和抑郁是无助的、软弱的，想要改变这种状态，只有通过不断地投射、争论来进行防御。因此，大部分偏执者会将错误归因到他人身上，让自己成为受害者，获得更多人的接纳和维护。在这个过程中，他们获得了习得性利益，渐渐将低自尊转变为自大，将抑郁转变为偏执，而实际上，骨子里的基调并没有实质性转变。

这不仅仅体现在日常生活的小事上，也体现在工作状态上，他们殷切期望他人接纳自己的建议和观点。

工作中的偏执者，特别反感大庭广众之下公然反驳自己的人，他们将和自己持有不同意见的同事视为有"敌意"的人。而对于私底下来找自己探讨的人，他们并不会报以敌对的态度。相反，偏执者会对这样的同事坦诚相见，并且十分敬重他们，因为这样的同事维护了他们的尊严，是懂他们的人。

可见，偏执者在工作中和他人发生争执，一定是对方采用了让他们不适应的方式方法，激发了偏执者的防御体系。

或许你会问，为何偏执者那么"弱不禁风"，却要通过"狂风骤雨"的方式来防御别人呢？

在偏执心理研究过程中，查德威克认为偏执者的自我构建是具有威胁性的。这话可以这样来理解：我们每个人都具有自我构建的过程，而自我构建一般通过三个途径来实现，首先是自己对自己的评价，其次是别人对自己的评价，最后是自己从别人的反应中得出的对自己的评价。

在幼年时期，我们通过照镜子对自己的样貌有了初步的评价，皮肤是白的还是黑的，是好看的或是不好看的。这就是在样貌上对自己的自我构建，而自我构建很容易因为他人的主观或客观评价而崩塌。比如你认为自己皮肤黑，长相一般，甚至有点不好看，因此你会自卑。但有人告诉你，其实你的皮肤是健康色，特别有魅力，有一种特殊的气质，你的大脑立马会接受这些好的评价，来冲淡自卑感。同样地，你明明很好看却被人数落的话，也会变得自卑。此外还包括他人对我们在能力、学识、人品等方面的评价，也会影响我们对自我的构建。因此，我们的自我构建是可变的。

而偏执者的自我构建不仅仅是可变的，还是具有威胁性的。

查德威克认为，偏执者人格分为迫害型和惩罚型两种状态。

迫害型偏执是不安全自我的构建过程。显然，这类人群的主要特征是自我的不安全性。他们对外界的认知是建立在危险、受威胁的状态下，并且通过夸大自我、敌对的方式来抵御"侵略"。在这个过程中，自大和自卑成了一对矛盾体。偏执者表现的自大是他们认同的理想型人格，而实际上，他们并不渴望成为这样的人。在潜意识中，他们不想暴露自己的不安全感和软弱的一面。

惩罚型偏执是不协调自我的构建过程，主要特点是被他人操纵的、失败的、错误的群体。这类人群通常惧怕权威，感觉自己是被权力驱使的，是无能为力的，他们的防御措施是回避或逃避。只要感受到被控制，胸口就像被压了一块大石头，他们就选择撤离。

在某些咨询案例中，我们还发现同时具备这两种特性的来访者。

【案例四十三】22岁的小单半年换了3份工作。据他描述，他遇到的老板没一个值得让他卖命。他列举了诸多老板的不是，比如他们评价他的方案无法落地，比如他们采纳了一个实习生的建议而放弃了他的，比如他们并不重视他的付出而只看到他不完美的地方。最后他总结他们属于没有水平的领导，错失了人才，而自己属于明珠暗投。

于是，小单不断地找工作，与其说是找合适的工作，倒不如说是在寻找一个他满意的老板。并且他对工作环境和工作氛围的要求特别高，他追求高薪、自由和有合作精神的同事，还有能赏识他、重用他的老板。

然而，工作人员很快发现，在后来的咨询过程中，小单似乎在离职的理由上有所转变。在咨询师的引导下，他学会了更多地描述感受，比如他的焦虑，他每晚的失眠以及他对于自己能力的质疑。事实上，他一直处于自我评价和实际能力的矛盾之中，这也是他每晚失眠和焦虑的原因。他越是能清晰地认知自己，就越是不甘心，因为他无法接受软弱和失败，这是他的不安全性自我构建在作祟。功成名就可以让他有安全感，然而作为一个区别于偏执人格障碍的正常人，偏执者还能清晰地对自我构建进行协调和重新评估，因此，他意识到他的真实水平和期望达到的水平之间存在很大的差距。于是他进入了不协调自我构建状态，也就是惩罚型偏执。

惩罚型偏执让他变得自卑，他认为自己可能驾驭不了某个工作。当然他同样会采用抱怨的方式来离职，比如抱怨工作太辛苦，需要熬夜、出差，而自己需要照顾家庭，无法满足条件等。在他的描述中，咨询师似乎可以捕捉到他神态中一瞬间的失落或遗憾，至少他的离职没有像以往那样言辞凿凿、义愤填膺了。

由此可见，迫害型和惩罚型只是偏执过程的两种状态和表现形式，在具体划分上并不能证明有明显的界限。两种状态随着环境的变化和自我成长存在转化的可能，甚至可能交替出现。

无论是哪种偏执状态，对于偏执者来说都将是心灵的一场历练。不安全和不协调状态在日常生活和工作中，给他们带来了极不完美的体验。

那么，我们应该从哪几个角度来调整自己呢？

最关键的一条还是自我觉察。我们需要觉察到自己的感受和情绪，并且不是停留在表面，而是挖掘更深层次的原因。

比如小单，他在面对领导的"不重用"时，需要觉察到自己的自卑，而不仅仅停留在委屈上。需要接纳内心深处那个容易受伤的自己、自卑的自己，这并不丑陋。其实每个人的内心都有自卑的一面，也有自信的一面，要分对谁、处于怎样的环境、面对怎样的事情，这都是常态。一味要求自己最强，面面俱到，是不科学的。

意识到自卑之后又该怎样呢？

想想别人。小单需要允许别人的存在，老板采纳了实习生的创意，并不代表自己的方案不符合标准，而是实习生的创意更符合老板或者是合作方的审美或观念。小单需要学习接纳多样化的世界以及多样化的人。

提升自我升值空间。与其悲悯怀才不遇，倒不如在专业领域进行更高层次的修炼，用扎实的学识铺垫，能让我们从底子里透出自信。这样的自信是真实的，不至于承受理想自我和真实自我自相矛盾的冲突压力，就算是离职也不会因打击信心而转化为惩罚型偏执。

拓展人际交往。尽量让自己参与到集体中去。在这期间，我们需要完成一个作业，将每天接触到的人对你的评价以及你对自己的评价写下来，一个月为期，我们再来总结一下有多少人对自己态度恶劣，有多少人对我们不热情，有多少人对我们友好，有多少人喜欢我们。然后从自我行为分析，为什么会是这样的结果，自己是怎样对待他们的？形成这样的局面，我们打算如何弥补？

这个作业要求从两个角度出发，既需要找到对方的原因，也要找到自己的原因，而不能只停留在指责他人或抱怨自身上。

在这里，我还想向大家分享一个小技巧——如何有效控制自己易怒的脾性。

很显然，和别人发生争执不但影响相互之间的协作关系，而且也影响自己的心情，有百害无一利。但是我们又很难驾驭自己的情绪，特别是偏执者，一旦意识到自己受到威胁，投射机制瞬间启动。这时候他们想到的都是怎样维护自己的尊严不受到侵犯，全身心做好了战斗的准备，哪能顾上那么多呢？由此造成的后果也是相当严重的，情绪得以发泄的同时，我们一定正在失去某些更重要的东西。

最通俗的例子就是家长辅导孩子做作业时的状态。孩子的后知后觉让家长火冒三丈，个别家长还因此血压波动被送进了医院，而有的家长会忍不住对孩子大呼小叫，一顿教训。而冷静下来之后，家长开始追悔莫及，觉得自己当时太激动，对孩子和自己都造成了心理阴影。可能这时候孩子已经开始自卑或者不再信任你了。

怎么办？

我们知道，人的情绪和理性之间存在时间差。在遇到突发事件时，我们很容易被情绪左右，让我们体验到通俗意义上讲的七情六欲，愤怒当然也是其中一种。很多情况下，我们会不分青红皂白地将愤怒的情绪发泄出来，因为那时候，理性尚在缺席状态。显然，原本就一根筋的偏执者，在对事物的接受度、挫折性方面更加敏感，因此会更容易愤怒。

当情绪接近尾声，大脑会进入理性阶段。我们开始重新回味和评估事件。这时候，我们会发现自己当时的态度和行为有失体面或者是不妥当的，甚至给他人造成了伤害，于是理性让我们进入了一种自责状态。

因此，如果再遇到情绪无法控制的状况，我们要做的是等待理性的到来。虽然理性姗姗来迟，我们也是有办法应对的。

　　常用的方法是转移目标、快速离场。简单来说就是压着火拖时间。在这个过程中，理性回归，有利于我们妥善地处理事件，而不是停留在情绪里，相互责骂。比如我们可以上洗手间，找借口离开现场；又或者可以深吸一口气，分三次吐出来，大概是三秒钟的时间，也可以有效回归理性，我喜欢将它称为"神奇的三秒"。

　　其次，我们也可以将自己的糟糕感受用语言告知对方，而不是以互撑的方式。比如：

　　你这么说，让我感到很委屈，我想知道为什么。
　　你这么做，让我很难过，我想听听原因。
　　我现在心里很堵，我想知道该怎么做可以改变这一切。

　　将自己的感受用平淡而有力的语言表达传递给对方，我们会体验到一种释放，而且事后不会产生内疚，对方也会因为你的冷静，快速让自己和我们保持同步，不经意间随着我们的步调走。主动权回到了我们手中，对方会将真实原因和意图告知我们，有利于我们分析利弊，采取更利于我们的措施。

## 测验：易怒体质自测

　　我们一起来完成一项体质自测，看看自己是否属于易怒群体。

　　1. 我的皮肤容易敏感
　　2. 我面色容易潮红
　　3. 我感觉身体沉重

4. 我胸口感到憋闷

5. 我的双眼布满血丝

6. 我有耳鸣

7. 我很懒，做事缺乏动力

8. 我做事急躁

9. 我敏感多疑

10. 我不擅长与人交往

11. 我遇事鲁莽冲动

12. 我焦虑心烦

13. 我没有耐心听别人讲话

14. 我存在睡眠障碍

15. 我喜欢吃油炸食物，且排便不规律

我们将以上的每一题划分为三个等级，分别是经常、一般、很少，如果自测结果以"经常"居多，那么就属于易怒群体（严重者需经过专业医师评估）。引发易怒的诱因包括性格、疾病和创伤，无论是哪一种，我们都可以通过以上所说的方式来进行调节。当然，严重的心理疾病需要寻找专业疏导。

# 建立信任从来不是一个人的事

美国心理学家埃里克森曾经说过："信任的一般状态……不仅意味着一个人已经学会依靠外部提供者的不变和连续性，而且还意味着一个人可以相信自己和自己的器官处理冲动的能力；一个人能够认为自己足够值得信任，这样提供者就不需要警惕，以免他们被夹住。"

　　这句话包含了两层含义，首先信任是一种互动关系。埃里克森认为，一个人能否对他人建立信任，是和外界联动的结果。最早的联动是在婴幼儿时期，母亲或者养育者是婴儿接触外界的重要媒介。如果婴幼儿感受到来自养育者的冷漠、呵斥或者是遗弃，将影响到自尊的建设，从而对他人丧失信任。

　　有一个现象很有趣。某些国家特别看重孩子独立人格的培养，他们设立婴儿房，将婴儿独自放在空荡荡的房间里，除了满足日常饮食和清洁需求，就连啼哭都很少做出回应。渐渐地，婴幼儿开始意识到啼哭无用，于是果然安静了。

　　这种教养方式随着文化的渗透，也曾被很多中国家庭效仿。然而，我们似乎并没关心这些孩子在长大以后会变成什么样。从广谱现象来分析，在国外，人与人之间更讲究条约的制约，无论是在生意场上还是在家庭生活中，这就是缺乏信任的表现；国外的亲子关系更像是朋友，子女对于赡养父母、陪伴父母终老意识淡薄，这是他们在成长过程中习得的。

　　而中国讲究百善孝为先，很多父母和孩子之间的共生状态持续到孩子青春期甚至更久。中国人依靠彼此之间的信任交朋友、做生意，在法治社会日益成熟的今天，依然存在大量金钱来往不立字据或协议这样的事情。只能说，信任依赖存在于我们的血统之中，自婴幼儿时期，就开始寻找安全感，再将安全感投注到他人身上。

　　因此，信任是一种联动关系，没有人愿意无条件信任一个人，并且任凭摆布，唯有在建立了信任的基础上才能做到。

　　其次，信任需要一个独立自主的内在。可能有人会说，这不是自相矛盾吗？培养独立的过程难道不会影响信任依赖的建设吗？

　　没错，之前讲到婴幼儿时期过度、过早讲究独立的培养是我们不提倡的，但是不代表不需要。我们也看到很多成年人啃老的现象，这就是心理上没有断奶的表现。

因此，总有个先来后到，本末不应倒置——先培养信任，再来讲独立。

我们一直在探讨偏执者的信任危机，他们的认知系统对信任几乎是屏蔽的。相反，因为缺乏信任，他们一直处于人际关系的紧张状态中。如果遇上不尽如人意的事情，容易造成更大的相互伤害。

大部分偏执者的原生家庭或童年经历存在瑕疵，以至于在自尊心建设上存在短板。低自尊导致自主权的丧失，而缺乏自主权的人，会将失去的控制权转向自己，由于在外界的被统治，而对自己产生无能的羞愧感以及对权威的憎恶。

埃里克森解释道："这一阶段对于爱与恨的比例、合作与任性、自我表达的自由以及自我压抑都起着决定性的作用。自我控制而不丧失自尊就会产生持久的善意和自豪；自我控制能力的丧失和外部的过度控制感带来了怀疑和羞耻的持久倾向。"

偏执者的原生家庭存在两种极端的亲子关系，一种是控制型，另一种是忽视型。这曾在之前关于原生家庭教养关系的章节中提到过。这两种养育关系剥夺了孩子的安全感以及自尊心。

一个控制型的家长呈现的是焦虑。遇到任何事都觉得紧张，并且将这种紧张和焦虑投射到孩子身上。

【案例四十四】张海（化名）的妈妈就是控制型家长，只要和他相关的事情，就一定有他妈妈的参与。从小到大他没有为自己做主的权力，哪怕是在选择喜爱的足球项目和书法培训上，他都会无条件接受妈妈的提议。他压抑着自己的喜好，直到这种压抑成为习惯。长大后的他，特别厌恶被控制的关系。他厌恶雷厉风行却面无表情的领导，厌恶想时刻侵占他时间的女友，厌恶主导意识太强的伙伴。因此，他在人际关系和恋爱关系中屡屡受挫。

张海的偏执属于压抑型偏执，简单理解就是将矛盾冲突对向自己，他对身边人产生的不满通常是不彰显的，唯有特别在乎他的人才能从他的若即若离中读到冷淡，也就是之前我们说的回避型偏执。张海无法信任他人的动因在于他认为这些人都会像他妈妈一样想要控制他，而逃离控制的方法就是远离。然而他的内心存在着逃离这个念头所带来的愧疚感，因此他会采取"自然而然"的方式结束一段关系，体面撤离，安全着陆。

一个忽视型的家长呈现的是冷漠或溺爱。为什么是两个极端？因为对于子女的需求不闻不问和放任纵容，所造成的后果是一样的，都会成就一个过于独立的子女。

忽视和溺爱让子女处于不受控制的恐慌中，他们不知道哪些决定是对的，哪些是错的，就好像自己是一叶浮萍，漂荡在浩瀚无边的大海，找不到安全的港湾。久而久之，他们的认知开始变得狭隘，对于他人的建议不容易采纳，他们已经习惯了独立自主，并且认为别人的关心或建议只是建立在自身的利益上，是带有某些目的性的，这个世上最能相信的人是自己。

由此可见，不良的亲子关系和养育方式是导致信任丧失的首要原因。缺爱的孩子对感情患得患失，不允许有第三者（指排他性）的介入。被溺爱的孩子是感情的掌控者，却也是独行侠。

如果在成长过程中遭遇创伤事件，也会导致信任丧失。比如被拐卖、性侵等，然而这属于特殊事件，不属于普遍现象。我们在接触这一类群体时，应该放低姿态，和他们站在同一立场看待问题，减少他们的心理负担。

而对于偏执者，我们又该如何建立信任呢？

偏执的人往往是高智商的。因此无论是哪种原因造成了信任危机，都和他们超强的自我防御体系有关。他们的敏锐是我们靠近他们时的第一道屏障，因此，无论是他们的同学、老师还是生活中的同事、恋人，"无条件接纳"是首先需要做到的——我们需要认同他们的观点、思维方式以及价值观，才有可能建立相互之间的信任。也就是说，我们需要在偏执者信任我们之前，先信任他们，而这并不是靠演技就能完成的，信任必须真实存在，因为你骗不了一个偏执者。而偏执者其实也不愿意错过交心的良师益友，什么样的人值得他们信任，并能左右他们的想法，他们心里是有一把尺子的。

我们需要严格把关的是：尽量避免在偏执者面前夸奖别人，这会让他们觉得是在贬低自己；尽量避免在偏执者面前开玩笑，特别是容易引起误会的玩笑，他们会当真，并且对你设防；避免在初步建立信任后，态度反复无常，他们会立即将你拉入黑名单；恋爱中，尽量避免在他们面前提到其他人或者和他们不熟悉的人一起玩耍，偏执者不喜欢复杂的人际关系，他们对其他人缺乏信任，除非是你们共同的好友。

了解偏执者的人，是很喜欢和他们做朋友的，因为他们的内心特别纯净。在建立彼此信任后，偏执者也会有非常可爱的一面。比如他们会放下戒备，听从你的安排；比如他们会把你的事情安排得面面俱到；比如他们特别忠诚，也非常有耐心，即使你在他们面前暴跳如雷，他们也会选择默默包容。

当然，这一切都建立在他们完全接纳你、信任你的前提下。

那么反过来讲，如果你是一名偏执者，又该如何与他人建立信任呢？

我们习惯了戴着有色眼镜看待别人，当别人接近我们的时候，我们先想到的是，这个人对我有何企图。试想，如果带着这样的设定和人交往，我们的内心就一直会有这个假设——这个人是有企图的！于是，在彼此的交往中，这个人甚至是一群人被贴了标签，这些人无论做什么努力，我们都无法接纳他们。

当然，我十分肯定这些人被贴上标签一定是有充分理由的，因为他们给你的第一印象一定存在着瑕疵，我甚至笃定，这些人就是应该被怀疑的。只是，我们不妨不要一锤定音，而是给彼此一个机会，用更多的事实依据来佐证。

【案例四十五】缇娜（化名）是公司的部门经理，她的男友是她的部下，两人的情感尚在磨合期。这时公司来了一名女同事，她长得甜美可人，又会说话，没两天，就和男同事们熟悉了起来。缇娜特别警惕这位女同事，一是不喜欢她招摇，二是担心男友会被这个人拐走。有了这种设想之后，缇娜对男友以及这位女同事的态度开始恶劣起来，特别是看到两人站在一起说话时，就像是这件事已经是板上钉钉的事实。终于有一天，缇娜提出和男友分手，理由是他和女同事暧昧不清，而问题是，男友和女同事的关系非她所想。

缇娜错失了一段良缘，一旦认定事实，她不听任何解释，只相信自己的判断。实际上，她更害怕自己被抛弃。"被抛弃"是她不能接受的，快刀斩乱麻能及时止损，并且让她停止胡乱的猜测。从某种角度来讲，她的内心获得了暂时的平静。然而，这不能算是结束，如果男友在后期真的和女同事走到了一起，那将对缇娜造成毁灭性的打击，只有当事实与猜想相反时，缇娜才会松一口气。这时，缇娜再度燃起对男友的想念。

好在男友冷静了一段时间后，和缇娜重归于好，但不管怎么说，分分合合的感情是会造成内伤的。

缇娜和男友数次分手又和好，每次都是因为她怀疑男友的忠诚。作为偏执的一方，我们应该看到自己性格中的特性，那就是我们缺乏信任！这样的爱情，永远会在感情的危机中摇摆，而想学会信任也并非难事，一是需要对方用实际行动不断证明，二是用自己的理性去判断，而不是通过一点点"蛛丝马迹"就以偏概全，一叶障目，这样只会让真心对待你的人身心疲惫。

苏格拉底说："不经反思的人生是不值得过的人生。"但是大多数人，为了不思考，宁肯做任何事情。

另外，不要害怕失去！失恋是痛苦的，但不代表我们不可爱！或许只是因为不合适，或许是因为时间让我们看清了一个人，这没有什么不好的。

一枚硬币从天而降，你希望它是正面朝天，但它偏偏是反面，感情也是如此。你对恋人忠诚是值得坚持的，而对方是怎样的品行，那是他们的事。伤到了我们，无论是分手或"被分手"，只不过是一种形式罢了。

爱情里的偏执者是眼里容不得沙子的，对感情十分忠诚，也同样期待完美的爱情。这并没有错，只是在看待爱情这个问题时，如果能用更科学的方式就更好了。

将自己的质疑交给时间去佐证，是建立信任最轻松的途径。当然，偏执者不需要对人完全放下戒备，毕竟，这是偏执者赖以生存的防御机制。偏执者性格中携带的神经质基因受防御机制的保护，因此在心理学领域，我们不主张摧毁它，失去防御机制的偏执者就像是被拔掉刺的刺猬，柔软而脆弱。每个人都有防御机制，只不过偏执者的防御过程显得更为明显和张扬，那又怎样？只是在防御机制启动之前，我们不妨试试慢一点，再看一看，给别人一个机会，也给自己一个机会。

# 第 7 章

# 偏执者真的很难相处吗？

## 如何做高压锅上的减压阀

众所周知，偏执性格是在高压状态下形成的，偏执者周围的人往往都会有"伴君如伴虎""不知道什么时候就点燃了火药桶"的感觉。如果偏执者是你的亲人、爱人、好朋友、同事，你可能真的无法避免跟他们打交道和共处。那么问题来了，我们该如何跟偏执者相处呢？如果我们自己是偏执者，那么通过哪些方法可以让自己不那么"易燃易爆炸"呢？本章将给出解答。先来看我们之前的个案——大龙的故事。

大龙的爸爸从小就培养他跟弟弟竞争。饭好了谁都不许动筷子，先出一道数学题，算得出来才能吃饭，算不出来就要遭受语言的羞辱、斥责和质疑："花钱送你上学都学了啥啊？""你是不是猪？"在这种高压环境下大龙的成绩上去了，但是长期被高压氛围、斥责语言浸泡的大龙，也逐渐形成了"自负又自卑，喜好跟别人辩论，非赢不可（不赢没饭吃，爸爸看不起自己）"的性格特征。他对小事耿耿于怀，觉得身边人都是来羞辱自己的，主要看谁能赢了对方，要么你赢我输我被你羞辱，要么我赢你输我来羞辱你。

凭借这股狠劲儿，大龙考上了985重点大学，毕业后如愿成为公务员。大龙在拿到第一笔年终奖的时候想，买车还是买房呢？房子又不能开出去给别人展示，但是车子可以开出去给别人看到，那还是买车吧。大龙更在乎自己在过年回老家的时候看起来多么有面子，把当初瞧不起他的人都比下去。之后大龙谈了个女朋友青青，对方是大专毕业，来自二线城市，最大的梦想就是脱离农村原生家庭在大城市立足。其实以大龙 985 毕业和公务员铁饭碗的条件，完全可以在大城市找一个条件更好的本地女孩子，但是大龙内心深处的自卑告诉他，必须找一个各方面不如自己又比较可控的对象，才能把控制权紧紧握在手里。

大龙在大学时也曾暗恋过学校的"女神"晓红，当时晓红刚分手，于是接受了大龙的殷勤和照顾。有一天大龙带晓红去买衣服，晓红从试衣间出来却发现大龙正看着自己的手机发呆。原来是晓红前男友发的短信："亲爱的，我想你了，你还好吗？"大龙瞬间遭受重击，心痛了无痕，虽然晓红一再澄清这只是前男友单方面发暧昧信息自己没有回应，但是大龙还是当着晓红的面打电话给晓红前男友，告知其不要再骚扰，并私自把晓红钱包里跟前男友的照片都烧了，把晓红手机上前男友的电话号码也删除了。从此后大龙对晓红有了不信任的心理。后来因为大龙考研，跟晓红这一段感情就无疾而终了。

大龙之前跟晓红在一起的时候经常争吵，两个人谁也不让谁，越吵越凶，有几次大龙动手掐了晓红的胳膊，还掐晓红的脖子。但事后，大龙认为都是晓红不好：她激怒了我，我才变成这样，如果晓红早点跟我认错我就不会动手了。

现在大龙跟青青在一起后，也是会偶尔有争执。青青是那种知道自己底牌不好、原生家庭也不好，有一些小自卑的人。所以大龙跟青青在一起时两人竟然有种惺惺相惜的感觉，青青能理解大龙是因为恐惧别人要离开他、欺骗他才暴怒发火。这一点跟青青的原生家庭有关。青青的妈妈吃斋念佛，在家里任劳任怨奉献一生，青青的爸爸就是这种暴虐的脾气。青青妈妈经常说人到这个世界上就是受苦的，是要去还前世欠下的债。青青曾经流泪问妈妈为什么不选择离开，妈妈说就当作是在修行吧，这些人和事都是来考验你的内心的。

青青也不知道为什么会被大龙吸引，可能是冥冥之中感觉到大龙像自己原生家庭里的爸爸？青青想要改变像爸爸那样的男人吗？她不知道。但是青青也像她妈妈一样，选择了默默去承受大龙情绪中的暴风骤雨。无论大龙砸东西还是恶语相向，青青都在心中默念"这是我的修行"。偶尔无法忍受的时候，青青就把自己关在屋子里，暂时静默，不回应大龙的任何语言。然后青青来寻求我们的心理咨询。我们了解到青青并不想跟大龙分手，便从青青渴望的自我成长和关系重新赋义角度来工作。几个阶段以后，青青变得更加能涵容了。大龙每次发脾气，青青都静静地望着他，说："嗯，这样啊，对哦，那确实是很生气哦。"大龙说了一堆以后，见青青只是在认真倾听并没有反驳一句话，就自己觉得无趣了，因为心中的自恋作祟（再加上没人反驳跟吵架，没有输赢就没意思啊，怎么斗呢），大龙就大方承认自己确实是单方面考虑问题了，还应该再接再厉更上一层楼，这样才能够配得上优秀的自己。大龙还是在战斗和论输赢的，只不过他认为今天的自己赢了昨天的自己，因为自己又学习和进步了。

过了一段时间以后，大龙竟然直接向青青求婚了。青青在处理和暴跳如雷的大龙的关系上云淡风轻，再加上青青洗衣做饭任劳任怨，性格温柔，同意婚后把所有工资上交，大龙妈妈很满意。这就促成了两个人的结合。有些偏执的大龙和有些自虐（认为受苦都是修行）的青青，就这么幸福地走在了一起。

所以我们老师说，偏执型的人和受虐型的人，可以是一对很好的组合。大家还记得我们在前几章分析的《无尽攀登》这部电影吧，我们也可以尝试着用偏执型和受虐型来带入分析一下他们的关系。

1975年，26岁的夏伯渝首次尝试攀登珠峰，结果遇暴风雪与登顶无缘。在返回途中，他同行的一名队友睡袋丢了，夏伯渝把自己的睡袋让了出去，导致双腿严重冻伤，双小腿截肢。截肢对于一名有着登顶珠峰梦想的攀登者来说实在太残忍了。更何况，夏伯渝才26岁，还那么年轻。一般人遇到这般打击，或许会对生活失去希望，但夏伯渝没有。为此，在后面的43年里，他不断训练，一次又一次向珠峰的最高处走去。2014年至2016年，夏伯渝3次靠假肢攀登珠峰，却3次冲顶失败。这期间，他受癌症侵扰、受血栓等病痛折磨，多次手术，但都没有放弃自己的梦想。2018年，69岁的夏伯渝第5次向珠峰发起冲击，这一次他终于成功了，在2018年5月14日登顶珠峰，完成了他一生的梦想。同时，他也成为中国无腿登顶珠峰第一人。

43年的时间，他为了登珠峰的梦想卖房子筹集钱款，不顾身体安危一意孤行，不顾及老婆、儿子和孙女，一心只想着自己的梦想。万一自己出事了岂不是留下妻子孤身一人？在43年里，他妻子的梦想呢？这么多年，夏伯渝的妻子没有反对过吗？试想一下，如果你的老公因为意外变成残疾人，其间又患上癌症和血栓，还想冒死去挑战，自己玩儿就算了还卖房子掏空全家积蓄（本来癌症和血栓治疗就要花很多钱）。换作你，你是不是早就跟这个家伙离婚了？为什么他的妻子不离不弃？因为，愿意付出或受苦、稍微有些受虐型的伴侣会为了对方而弱化自己。所以我们每看到一个偏执者的同时，也看到了他身旁那个了不起的伴侣。最后夏伯渝登顶成功，含泪说亏欠了自己的妻子，将回家好好陪伴家人的时候，我们相信这都是真心话。

结合以上我们可以看出，当偏执者开始战斗时我们该怎么做。我们可以做偏执者身边的一个润滑剂，也可以做坏脾气高压锅上的减压阀。以下四点希望我们谨记：

（1）尽量让他感觉到他与你在一起是安全的。

（2）不否定他的固执认知，争取让他看到事实真相。

（3）让他去体验自己固执己见的事，他做不下去时也不否定他，而是用包容的态度鼓励他试试其他方法。

这一点好多人做不到，大部分人会去讽刺偏执者的失败并埋怨他一意孤行。可是这样只会让自尊心极强的偏执者跟你大吵一架，认为你在挑衅他，斥责他、践踏了他的尊严，竟敢指挥他做事。

（4）少管少问少指责，必要时物理隔离。

物理隔离是什么意思呢？就是像青青一样，在大龙大发雷霆的时候静默不语，回到屋子里关上门。可以在大龙情绪正常的时候，跟他商量发脾气后的一些处理方法，务必取得大龙的同意，然后在脾气爆发时分开冷静。偏执者的发泄对象多为最亲近的人。因为其智商是正常的且还往往高于普通人，在职场多属于不服输的优秀人才。但在面对亲人时却反其道而行之，毫不收敛地发泄情绪。所以，其在外的"优秀"受大环境的约束，属于压抑的伪装，而到了亲人面前就毫不掩饰地暴露了偏执型的本来面目。作为亲人最好的办法就是不要直面地对其讲任何道理，也不要约请他人劝说，因为聪明的他/她比谁都懂、都明白自己的性格过错，只是收敛不住，习惯了情绪发泄。尽量少管少问少指责，甚至少接触。否则，会不断地给其创造发泄情绪的机会，何苦让自己生气呢？

接受了偏执者的朋友们会发现，偏执者身上有很多优点，比如：一旦信任你就掏心掏肺；做事情坚持到底，很容易在行业里做出成就。这种钻牛角尖的精神做学术研究也非常不错。如果你可以成为偏执者情绪高压锅上的减压阀，那么恭喜你，你将是段位更高的自我成长者，也同样收获了偏执者的一颗炙热的心。

### 如果你是偏执者

（1）在脾气爆发之前深呼吸 3 次，心中默念，数够 15 个数。

（2）在感觉到被冒犯、准备脱口而出之前，冷静思考一下将要说出口的话。是因为自己太敏感了，说者无心听者有意？还是对方存心伤害？对方伤害你的目的是什么？

（3）你爱你自己，你值得更好的生活。如果生气让你心脑血管发生病变，血压不稳，那么要杜绝这样一种情绪。不为别的，只为你自己着想。

（4）多想想亲人被你伤害后失望的眼神和样子，坏脾气就像是发疯时钉在墙壁上的钉子，等你拔下来以后，钉子印已经深深嵌在墙壁里了。而你的道歉就是拔掉了的钉子，伤害却还深深地嵌在别人的精神里。

（5）期待别人成为你的减压阀，总有依赖别人的一天。而最好的是，自己能够在情绪爆发的时候成为自己的减压阀，求人不如求己，我只相信我自己。

# 用对方的语言来讲话——同位心理

我们通过前几章了解到，偏执型人格的人一般比较执着，自己认准的事情能够坚持一直做，自己不认可的事情丝毫不触碰，非黑即白，没有中间灰色地带。这样的人在工作中会是一个非常好的执行者，只要确定目标，不达目的不罢休，但在生活中会显得僵硬不灵活。所以内向的偏执者大都朋友很少，感觉身边没有几个能理解自己的人；外向的偏执者稍微好一些，但是也会备感孤独。这个时候就很需要我们用偏执者的同位心理、同位语言来跟他们沟通。

同位心理也称为同理心（empathy），也可以译为"设身处地理解""感情移入""神入""共感""共情"，泛指心理换位、将心比心，即设身处地对他人的情绪和情感进行认知性的觉知、把握与理解，主要体现在情绪自控、换位思考、倾听能力以及表达尊重等与情商相关的方面。

20世纪20年代，英国心理学家铁钦纳首度使用同理心一词，指的就是这种行为模仿（motormimicry）。同理心一词源自希腊文empatheia（神入），原来是美学理论家用以形容理解他人主观经验的能力。铁钦纳认为同理心源自身体上模仿他人的痛苦，从而引发相同的痛苦感受。他用同理心一词与同情区别，因同情并无感同身受之意。

大家千万要记住，同理心不等于同情对方。如果偏执者感觉到你的同情，甚至会认为你看低了他，觉得他弱爆了，等等。所以，不用同情他，只要理解他，深深地理解。

要做到对偏执者有同位心理，我们就要深深地理解他的性格特征。

想做到利用同理心和偏执者沟通，我们先来看同理心的几条原则：

第一，人是要相互尊重的，一个人怎样对待别人就会被怎样对待；

第二，要将心比心，才能够被人理解；

第三，要学会以别人的角度看问题，从别人的视角看自己；

第四，想要和别人更加和睦地相处，首先要从改变自己开始；

第五，只有愿意和你真诚相待的人才是真的值得信任的人；

第六，只有流露出自己内心的真情实感，才能够得到最真实、最诚挚的回报。

偏执者的性格特点表现为持久而固定的敏感多疑、固执自傲、不愿意接受他人的意见。由于怀疑别人对自己有恶意，因而他们常常把别人的好意也看成动机不良而加以防范。他们还常常深信自己被别人议论或受了委屈，因此经常与他人发生争执。这种人的人际关系紧张、孤独离群、忧郁、不开朗，经常处于警惕、焦虑的状态中。

他们大多是因为某些原因而自卑，因为自卑变得虚荣，容易钻牛角尖，渴望得到别人的认可。又因为自卑，有时候会自负地做出判断，武断、消极地处理人与人之间的关系。偏执型人格障碍的特点导致他们普遍缺乏安全感，无论是友情还是爱情，常常猜忌多疑。但总是对外界有"恶意归因思维"的偏执者也在期待爱，唯有爱可以救赎人类的痛苦。

如果我们站在偏执者的角度去考虑，就能体会到他们的焦虑。基于他们的这一特点可以做的是：

（1）真诚地关心爱护偏执者，平心静气地和他聊，把你所想的告诉他，解除他的顾虑，让对方尽可能地平静和理性，为他创造一个促进人格成长的环境。这一点是真正地为偏执者的未来发展考虑的。偏执者的人格成长一旦跟上了，会是非常优秀的。

（2）不要去同情偏执者。要让他感觉到他自己有足够的能力去解决好问题。

（3）让偏执者确信你确实对他无害，最好是你们可以有一些共同利益、共同情感的维系，比如夫妻、老乡、合作伙伴等。

（4）要让偏执者感觉到安全。当他真正地视你若知己、密友的时候，他的忠诚度绝对不是一般的好友可以比的。如果发生误会一定要尽快解决，否则，他会一直耿耿于怀。

（5）如果你不能做到真正爱一个偏执型人格患者，那请远离他。

结合以上的五点，我们整理出了可以跟偏执者使用的一些语言：

（1）你看起来很生气，我可以为你做些什么吗？

（2）不要着急，慢慢来，好好讲给我听。

（3）我相信你有能力解决好这个问题。你的能力我是知道的。

（4）我们当年一起……我还记得那个时候的你，我们一起好开心。

（5）没事，来我这里，我给你做好吃的。

（6）我只希望你健康平安就好。

（7）我爱你。

如果说有一种方法可以迅速拉近两个人的距离，那就是站在对方的立场，用对方的语言来对话。我们在电视上经常看到主持人在采访小朋友的时候，跪在地上或者蹲在那里，因为我们要让小朋友感到我们跟他们在一个水平高度上。我们还会发现有一些大人，在跟小孩子对话时，会自动转变为"儿童语"。

我们来看下面这个场景：小孩子不愿意戴吃饭时用的围嘴，会自己揪下来扔地上，父母因此头疼不已。小姨来到孩子身边，温柔地看着孩子。

小姨问："你最喜欢哪个玩具啊？"

小孩子拿起娃娃说："这个，她是漂亮公主。我现在要喂漂亮公主吃饭饭。"

小姨说："那漂亮公主吃饭饭的时候把最漂亮的裙子弄脏了怎么办呀？那就不漂亮了。"

小孩子把围嘴绑在自己身上，说："那我也要给漂亮公主带一个围嘴。"

其实这就是用对方的语言来跟对方沟通，让对方知道我们是可以用同种语言体系对话的，所以也能够跟你互动，愿意把自己语言体系的话听进去。

另外一个小故事是先前心理咨询师小组会里一位老师分享给我们的。用孩子的语言去跟孩子沟通，有时候会产生意想不到的效果。

小梅的女儿正处在偏执又叛逆的青春期，每天中午小梅做好饭菜，女儿就把饭菜拿回自己房间里吃，屋门反锁。她只在心情好的时候会跟小梅聊天。有天晚上小梅下班回来，看到女儿在发呆叹气，就问她怎么了，女儿说："复习太烦了，考试太难了，想去死。"小梅自己是一位咨询师，她对女儿半开玩笑地说："好吧，如果你死了，我肯定也活不下去了。我那么爱你，那咱们一起死吧。"然后就拉着女儿的手，两个人假装一起"啊"地倒在床上，嘴里喊着"我死了，我死了"，然后躺在床上咯咯地笑。然后女儿起身，小梅拉住她，说："你干吗呀？"女儿说："我要去复习呀！"小梅说："都决定去死了还要复习？"女儿笑道："那是我开玩笑的，复习肯定还是要复习的。"

通过小梅老师这个故事我们看出，用对方的语言体系来对话，在一定程度上确实会起作用。我们接下来再看一个真实的案例。

【案例四十六】高二学生梅林来到咨询室的时候，我们了解到她在初一时曾经被诊断为双相情感障碍休学了半年。梅林出现过比较偏执的情况，而偏执的表现则是很多心理症状的共症。比如怀疑外界对自己有敌意，过于紧张自己的言行，易激惹，很焦虑，内心自卑，孤独等。

梅林刚出生的时候爸爸就进了监狱，妈妈一个人带着她生活。后来妈妈交了不同的男朋友，其中一个男的性格暴躁，喝酒之后就打人。有一天梅林的妈妈被打后很晚都没有回家，上初中的梅林放学后一个人回到家里，发现妈妈不在，于是很害怕。过了一会儿那个酒鬼回来了，发现梅林妈妈不在就生气地在屋子里砸东西，接着发现梅林在家，便准备暴打她并实施猥亵。梅林把灯关了，拿了一把刀瑟瑟发抖地藏在黑暗中，才躲过一劫。梅林后来告诉了妈妈，妈妈听了之后并没有跟男友分手，反而把她送到寄宿学校去了。那个寄宿学校的孩子们看到梅林非常胖（200斤），就骂她肥婆、怪物。因为是艺术学校，所以舞蹈室会放一个体重秤。同学们每节课上课前都把梅林拉上体重秤，然后嘲笑和辱骂她。在之后被霸凌的日子里，梅林出现了一些很奇怪的举动，比如在教室里用自己的头撞墙撞到流血、无缘无故尖叫等。同学们见状就告诉老师了，然后妈妈把她接了回去，听从老师建议去看了精神科，诊断为双相情感障碍。梅林每当害怕的时候就躲在黑暗中，连灯都不敢开，还告诉我们她会出现幻视，看到一个黑色的全身是刺的怪物，身体像河豚一样慢慢鼓起来，很可怕。

后来梅林通过心理治疗和服药能够正常上学了，上了高中之后也成功瘦身。但在高一，有一次她跟宿舍同学闹了矛盾。梅林是少数民族地区的，她带了土特产给宿舍同学分享，有个同学却说吃了梅林给她的东西以后拉肚子。其他同学都没有这个情况。梅林就跟她吵了起来，认为该同学诋毁自己拿有毒食品害人。后来宿管阿姨、班主任都来了。梅林拿起一把水果刀划伤了自己，又拿刀拍着桌子跟众人怒吼："你们是不是不相信我？"班主任赶紧安慰她说相信。后来梅林慢慢恢复平静，称自己想妈妈了，想请假回老家，因为这个学期的假期里所有同学都回家团圆了，但是妈妈说自己工作忙，让她待在学校不要回来。

这件事之后，宿舍的同学都有点害怕她了，不敢跟她住。梅林感觉到大家在刻意避开她，好像是在避开一个"死神"或者"疯子"。独来独往，独自居住，一个人去图书馆，梅林内心的巨大能量都用来看书、学习、钻研，专业成绩竟然排到了第一。

后来梅林也认为可能只是该同学肠胃不适应土特产所以拉肚子，在事情过后她也能够尝试去理解。但是她还是很敏感，在意别人的细微举动，别人背着她说话，她都能感觉到有人在挑拨她和其他人的关系，对一件事不依不饶。这就属于偏执的一些表现。

梅林持续在学校心理中心做访谈（为什么是访谈而不是治疗？因为学校的心理咨询中心是针对学生成长过程中的一般性、发展性的问题做疏导，过于严重的个案比如自伤、自杀等，只能转介并做访谈记录），我们也对她的情况保持着持续的关注。到了高三的时候，梅林更稳定一些了，也更刻苦学习，可是有一次出了情况。

那天梅林在教室里学习，学习结束后又去旁听提高班的课程。因为提高班的知识她没有学过，老师的作业她没有回答上来，就焦虑发作、大吼大叫后瘫倒在教室里。班主任迅速跟学校心理中心报告此情况，我去了她所在的教室。同教室的女孩脸都吓白了，不敢走也不敢动，怕她躁狂发作起来难以控制。

我先是让梅林不要紧张，深呼吸，问她身体有没有难受，让她喝了一点自己带的水，安抚她不用太着急，慢慢来。等待了十几分钟，梅林缓和了一些，说不想回寝室休息，就来到了我的心理咨询室。以下是我们的一部分对话。

**咨询师：**现在感觉还好吗？身体还有不舒服吗？考试都考完了吧，高三毕业这个假期有什么计划吗？

**梅林：**好一些了。都考完了，专业课老师还夸我成绩好呢。高三毕业准备继续上补习班，我们艺考在冬季，所以留出时间继续补习。但是我觉得还不够，我还想更好。我很焦虑，看到同学会老师说的题，我竟然不会，那一会儿脑子都蒙了，一下子就喘不上气来，眼前发黑。我想大喊大叫……我很生气自己不会那道题（虚弱地半躺在沙发上，半闭着眼睛）。

**咨询师：**不要着急，慢慢说。不舒服的话也可以在沙发上躺一会儿，我会在这里一直陪着你。还记得我们之前访谈时你说的，不管怎样以前的事都过去了，以后要对自己好一点，考上心仪的学校，将来当一名音乐老师。现在你所作的一切都是为了这个目标对吧，这个目标变了吗？

**梅林：**没有。但是我很不满我的同学竟然在这道题目上超过我（坐起来焦虑地抠手指）。

**咨询师：**我了解到她跟你报考的不是同一个院校，你们的专业也不同，所以她并不是你的竞争对手。

**梅林：**我知道。可是我一想到我不会，就崩溃了。我想做得再好一点，再好点。

**咨询师：**我理解你想要对自己严格要求的心情，可是这样压迫自己，好像一个皮筋。拉得太紧从来不放松，皮筋没有办法一张一弛，就会变脆断裂，或者是因为绷太紧绷断。你这么努力学习，一直强迫自己做到最好，到最后身体或者心理这根弦断掉了，生病了，这样的结果可以帮你实现愿望吗？

**梅林：**（叹了一口气）不能。但是我也放松不下来（翻看手机说给妈妈回消息）。

**咨询师：**刚才班主任被你吓到了，出于对你的关心和责任，通知了你妈妈，家长有对未成年人监护的义务。最近学期末了，是不是想妈妈了？

**梅林：**（手机放下，泪流满面）我想做得好就是想让妈妈看到我。每个假期别人的妈妈都来接他们回家。我妈妈总说在出差、工作忙，让我自己照顾自己。我已经按她说的去做了。上次心脏不舒服我自己一个人去医院检查，忍着没晕倒坐公交车去的。医生问我家长呢，我含泪说我自己来的。假期同学们都回家了，我一个人出去爬山，山顶很高，我脚滑滚了下来，滚了一路，最后碰到石头撞到腰才停下来。路人问我要不要紧，帮我叫120，我咬咬牙自己爬起来坐车回去躺了几天……

**咨询师：**天哪，你怎么这么坚强，如果我是你，我肯定会非常痛苦……我们已经能照顾自己了，已经做到努力学习了，已经按妈妈的要求做到最好了，可是妈妈还是没有时间陪我们，很伤心，是吗？

**梅林：**嗯（大声抽泣）。

**咨询师：**我特别理解你，我从小也很独立。我小的时候爸爸也不在身边，整个童年都不在。他也好像从来都不关注我，突然有一天他空降回来，但我跟他没感情。他对我大部分时候都是讽刺挖苦、嘲笑打击。我有时候想，我要变得优秀，做得更好让他看到我，以我为荣。后来我做到了，反而心里对他没有什么期待了。因为我知道了，自身渴望学习进步，受益的永远是自己，是对知识的渴望让我甘之如饴，而不是别人的看法和眼光，别人的态度永远是别人的。我们很难改变别人的表达习惯或者表达爱的方式，但可以做到对自己好一点。

其实，你这种情况我之前也发生过，我之前有中度焦虑，治疗了半年好了一些。刚才那种情况有点像焦虑或者惊恐发作。

**梅林**：好像是。之前也有过一次，后来回寝室睡觉，慢慢缓和了一些。可我还是很焦虑啊，这个星期刚过去的3天对我来说很难熬，这3天加起来我睡觉不超过12个小时。

**咨询师**：看来焦虑确实影响到我们的睡眠了。焦虑是一个倒U形曲线，太不焦虑和太过于焦虑都会导致我们工作效率为0。我当时写硕士论文的时候也是这么焦虑，每天凌晨3点才能睡着，手抖，不想出门，不跟家人交流，把自己反锁在屋子里，导致论文没有任何进展。后来找咨询师咨询了半年好了一些。她教给了我一些缓解焦虑快速入眠的方法。焦虑情绪太多会导致我们的学习效果是无用功，如果可以，我们一起试试寻找缓解焦虑的办法。这么难受的时候告诉过妈妈吗？

**梅林**：嗯。我妈妈虽然每次都忙，不能陪我，但是我们会经常通电话，她也会安慰我。但是吧，她总是在我最需要的时候不在，总是这样。

**咨询师**：可能有的时候要学会对一个人失望。并不是因为我们自身不够好，也可能是因为家人不太会用正确的方式来爱我们。你有没有想过，我们可以不必那么坚强，生病的时候让朋友陪你去，或者关心你的班主任老师陪着去？或者，仅仅是对自己好一点，在没人拥抱你的时候，自己拥抱自己一下？

**梅林：**我觉得那样太麻烦别人了，我不喜欢麻烦别人。但是我可以去尝试对自己好。

**咨询师：**抑郁情绪的内核就是不想麻烦别人。爱你的人对你找他们帮忙会很高兴的，如果班主任知道你自己一个人去医院也会担心你的。你可以尝试一下找朋友陪你一起。你上次提到的那个校外的好朋友还有联系吗？另外，你都用什么方式对自己好啊？

**梅林：**一直联系的，我也曾经帮助过他。我会给自己买喜欢的手办，做完卷子成绩还不错，我会奖励自己喝杯奶茶。以前我从来不给自己买衣服，因为之前很胖，很自卑，都是穿黑灰色文化衫，高二在你这里咨询过后，我开始给自己买裙子了，我也想要好看。

**咨询师：**你看，你已经可以照顾自己了，也懂得怎么对自己好了。当外界对我们有敌意，或者妈妈因为工作疏忽了我们，或者太紧张焦虑的时候，我们是不是可以尝试自己做自己的"精神上的妈妈"，对自己宠爱一点，对自己好一点呢？如果我们把外界对我们的敌意内化成自己对自己的敌意，就变成了自我攻击（我们认同了外界对我们的态度），这样会伤害我们的心理、身体。如果别人已经在伤害我们了，我们可不可以不同意别人的观点，不跟别人一起也来伤害自己呢？因为我们值得被保护，值得被好好对待。如果没人这么对待我们，那么我们自己要先做这样一个人。可以吗？

**梅林：**嗯，其实大部分时间我很坚强。我对自己很严格，英语单词如果没背完会整晚睡不着觉。那道题其实超出了考试范围，做不出来也对我没有太大影响。我可能就是当时太焦虑、太较真了，觉得同学是我的竞争对手。

**咨询师：**看，你的精神想要激进，但你的身体不允许了。你感觉到心慌、喘不过气来，那就是身体对你的警告。如果我们的身体硬件条件跟不上我们的精神，就会出现一系列身心不协调。生活已经对我们比较狠了,为什么自己还要对自己这么狠呢?

**梅林:**(笑。放松了一下,伸懒腰,准备起身)

**咨询师(拥有音乐治疗受训背景):** 我这里有一个卡林巴琴,可以借你玩几天。它的声音类似八音盒,据说是有一种阿尔法电波,它与脑电波里 528 赫兹的一个电波相吻合,这个音色可以让人感觉非常平静。这几天你可以试试,如果练得好可以录视频发给我哦。

**梅林:** 我知道这个,拇指琴。我很喜欢,谢谢老师。

之后梅林回了寝室,一直到毕业前,都没有再出现过焦虑发作的情况。好的访谈也可以给来访者力量。用同理心来真正理解他们,就可以拨动那一根心弦。

综上,与偏执者相处,我们不仅要了解其性格特征,使用同位心理与其交往,更要深深地理解他。不要试图短期内就将他变好,他们需要长期的自我监督、自我调节。如果条件允许,尽量让偏执者多接触不同的人和事,学会在人际交往中控制好自己的情绪。

如果你能和偏执型人格的人愉快相处,又不被他影响,那么你和社会上绝大多数人都能相处好。

### 如果你是偏执者

(1)如果是真的"为自己考虑",这么做会对自己想要达到的目标有帮助吗?比如想要创业,就必须跟合作伙伴建立好关系而不是决裂。

(2)当我期望对方理解我、为我考虑的时候,我是否想过站在对方立场上考虑呢?

(3)寻找自己身边那几个在相处的时候让自己感觉到舒服的人,观察他们为人处世的方式,向他们学习。

(4)可以去怀疑大多数人,但一定要有一个自己信任的人,在自己心灵疲惫的时候,有个去处。

## 经得起考验才是真朋友？

人这一生会遇见许许多多的人。有些人只在酒酣耳热之际相伴，有些人只在荣华富贵之时同行。而在人生沉浮中始终不离不弃的，才能算是真正的朋友。

司马迁在《史记·汲郑列传》中说过："一死一生，乃知交情。一贫一富，乃知交态。一贵一贱，交情乃见。"真正的朋友，是经得起这三种考验的。

通过之前的章节我们可以得知，偏执者的性格特征中会有一些猜疑心、爱恨分明、非常有毅力，能够坚持。这就说明，你一旦经得起偏执者的考验，就会永远走进偏执者的内心。偏执者一旦认定你是他的朋友，就真的会掏心掏肺地对你好。

偏执者是咨询师杀手还是咨询师好朋友？

记得在上临床心理学课程时，老师跟我们讲各种人格时提到，偏执型人格和边缘型人格都是非常难搞的"咨询师杀手"。其中，偏执型人格连跟咨询师建立信任关系这一步都很难达到，并且他们大部分不会认为自己有问题或者需要改进。他们非常固执，只相信自己，怀疑别人想要谋害他们。偏执者们真的很难跟别人建立朋友关系吗？并不尽然。我的老师提到他作为心理专家、心理咨询师，身边的朋友并不多，但最好的朋友却是偏执型。当时课堂上很多同学不理解，为什么一个看似和蔼开朗的心理咨询师会朋友不多呢？

心理咨询师在生活中经常会因为自己的职业被亲朋好友"免费拿来用"。比如你是一位心理咨询师，二舅妈的妹妹的姑姑有些抑郁来找你咨询，你该怎么办呢？你摆出心理咨询师的伦理道德跟对方说"心理咨询师要避免双重关系啊，我们是亲戚不能做咨询"，对方就会非常嫌弃地回敬"终究还是想要收费啊"。有的新手心理咨询师勉为其难给亲戚咨询了，二舅妈的妹妹的姑姑一股脑把"自己老公婚内出轨，自己也气不过去报复"的事情抖搂给你，过了一段时间对方情绪平复了，可是你这个亲戚从此就再也不走动了，为什么？因为你了解了亲戚的"心理阴暗面"，你竟然知道了她家那么多事。虽然你承诺有职业道德管着，你不会对外说，可是亲戚老觉得有把柄在你手里，所以就有心避嫌。这么一来，身边的亲戚朋友就越少。大家都知道，他们如果有所保留、不描述真实情况，咨询师很难抓取有效信息帮到他们。可是如果事无巨细涉及隐私，日后又免不了再次相见，就很尴尬。如果咨询师第一次就拒绝呢？亲戚朋友又会误解你小气。再加上职业的心理咨询师日常就已经承受了很多来访者的负面情绪，所以在其他时间，尤其是"非工作时间"，也更不想去做"免费的分析"。心理咨询师的这种苦楚也只有行业内的人能够深刻理解，这么一来，就形成了小小的"同温层"，有些心里话只跟同行业的人说。几年过去，朋友也变得寥寥无几，因为没人可以真正理解心理咨询师内心的孤独和苦楚。仅有的一些朋友，要么是真交心的，要么就是同行。

所以我的老师告诉我，他最好的朋友里，只有一个不是同行的，是发小。这个发小就是偏执型，非常忠诚，稳定可靠，无条件信任。小的时候发小住在老师隔壁不远，每次发小闯了祸被父母反锁在家里，老师都冒着挨打的风险翻墙丢钥匙进去解救。这种信任关系是从小就打了基础的。偏执者对"划定在自己安全范围内"的人赋予完全的信任，这种忠诚是非常值得信赖的。偏执者相信的人不多，但是他们一旦认定了你，就是非常深厚的情谊了。

经得起考验的才是真朋友。中国古代就一直推崇朋友之间讲信义。比如下面这些我们听过的古代名言：

*朋友，以义合者。*

——［宋］朱熹《四书集注·论语·乡党》

（释义：朋友，是志向相同者的组合。志向、仁义是建立朋友关系的基础。）

同心而共济，终始如一，此君子之朋也。

——［宋］欧阳修《朋党论》

结合以上这些关于朋友的古代诗句，我们可以了解到，仁义、信义和"所守者道义，所行者忠信，所惜者名节"等，都是君子才具有的品格。小人会因为利益散尽而互相戕害，君子坚守的是道义和忠信，能够经得起考验，而经得起考验的才是真朋友。对于普通人如此，对于谨慎的偏执者更是如此。

偏执者们跟朋友互相携手一起搞事业的故事，我们从之前分析的一些影视作品中也可以窥见端倪。比如《肖申克的救赎》中的安迪和瑞德。狱里的犯人们拿新来的犯人寻开心，猜测谁会在入狱当晚哭泣。当时的安迪看起来瘦瘦弱弱，瑞德猜一定是安迪，并且跟狱友以10根香烟作为赌注。但瑞德输了。在新入狱的狱友整晚哭喊冤枉时，安迪一夜悄无声息，坦然地接受了这里的一切。这就有了那句经典的名言："坦然接受当下，才能保持独立思考的能力。"

一天，安迪和瑞德聊天，谈起自己的梦想。安迪希望有一天重获自由，到墨西哥南部的齐华坦尼荷小镇，开一座旅馆，迎着海风喝啤酒，呼吸自由的空气。在瑞德看来，安迪简直是痴人说梦，一个被判终身监禁的人，根本做不到。有些鸟儿天生就是关不住的，因为它们飞翔的愿望从未熄灭过。世界上最可怕的力量是信念，世界上最宝贵的财富是信念。真正救赎自己的，也是信念。瑞德被安迪的这种精神影响了，两个好朋友互相救赎，实现了在狱中的梦想。狱中的过往都印证着安迪和瑞德经历的一切。他们的友情是日复一日的坚信。而偏执者的坚信又是那样让人钦佩和无法拒绝。

为什么是瑞德，而不是其他狱友？不要忘了，一开始是瑞德为安迪带来了可以凿墙的小锤子，两人之间的信任也慢慢建立起来。这是一种心心相印的感觉，两人互相搀扶着在困境中寻找希望。

《甄嬛传》中最让人感动的神仙友谊，就是沈眉庄与甄嬛了。沈眉庄饱读诗书，识大体，端庄大方，礼貌待人，举手抬足彰显大家闺秀的持重，所以初入宫便很快得到皇帝的宠爱。在一开始的选秀三人组中，始终是眉庄与甄嬛走得更近一些。因为两人从小一起长大，家庭出身也颇为相似。进宫以后，眉庄从一开始的得宠，到之后的被陷害，至皇上冷落，而甄嬛却变得更加受宠。记得这一幕，甄嬛问眉庄会不会不高兴，眉庄答道："如果不是你，也会是别人。我情愿是你。我羡慕，却不嫉妒。"这个回答不仅仅是高情商的答案，其实也更凸显出甄嬛在眉庄心中的珍贵地位。

在后来误会重重的时候，沈眉庄仍然愿意挺身而出为甄嬛说话，甚至在太后那里不顾自身安危为甄嬛求情。其中有一幕是这样的：甄嬛在甘露寺修行，受尽了寺内姑子们的欺负。没想到几年后，皇后带着一队人马浩浩荡荡闯进了寺院。皇后带着众妃来祈福，顺道来看看受尽折磨的甄嬛，一来欣赏自己一手制造的悲剧，二来确认甄嬛对自己还有没有威胁。甄嬛不想出来见她们，躲在柱子后面，结果祺嫔眼尖，悄悄过去踩了甄嬛的手……结果甄嬛就被炸出来了。那个尴尬啊，甄嬛过了几年身心同受摧残的清苦日子，容颜憔悴，神情萎靡，连安嫔看了都不忍。一方面，甄嬛也是故意将自己装得可怜，因为她越不堪，皇后一党就会越放松，她和胧月公主就越安全。但是皇后一党显然不肯放过甄嬛，要甄嬛跪地砖，眉庄实在看不下去了，她向皇后抗议无果后，也陪甄嬛跪了下来。一跪就是几个小时，冰凉坚硬的砖石，硌得膝盖疼，回去当然要多抹点药油了。

其实，这也是眉庄表明自己坚决维护甄嬛的举动，想让皇后有所顾忌。她知道自己药油味重，也知道这样会惹来皇后的记恨。但是她勇敢无畏，又有太后撑腰，故意向皇后示威。而且，这么重的药油味太后也闻得出来，太后爱惜眉庄和甄嬛，自然会提醒皇后不要做得太过分。而皇后顾忌太后，对甄嬛的残害也会有所收敛。眉庄可谓是曲线救国，费尽了心思。

二人心照不宣地挺身为彼此，是彼此艰难时刻的最后支持者。一开始眉庄因为假孕事件被降罪，甄嬛第一个站出来替她求情。要知道敢在皇上盛怒时求情，是要冒着杀头的危险的。而眉庄在甄嬛陷入危难时，也同样挺身而出。

眉庄下跪时从不塌腰，唯独为甄嬛求情那次，她破例了。太后在床上看着下跪的眉庄问道："你就这么关心莞嫔吗？"眉庄郑重地说："是，莫逆之交。"这个莫逆之交，让我们更加敬佩二人之间坚不可摧的情谊。

莫逆之交这个典故来源于寓言故事，成语有关典故最早出自战国庄周《庄子·大宗师》。"莫逆之交"指非常要好的朋友。

古代有四个怪人，即子祀、子舆、子犁、子来四个人，聚在一块谈论"无"的伟大和崇高。他们一致认为"无"就像人的头一样起着至关重要的作用。临别时，四人都认为大家能够通晓生死存亡浑为一体的道理，于是都会心地相视而笑，心心相契却不说话，相互交往而成为好朋友。

不久子舆生了病，子祀前去探望他。子舆出门去迎接时，腰弯背驼，五脏穴口朝上，下巴隐藏在肚脐之下，肩部高过头顶，弯曲的脊骨形如赘瘤朝天隆起，对着子祀说："上天真是伟大啊，把我变成如此屈曲不伸的样子。"

子祀说："你屈曲成这个样子一点也不讨厌、不忧虑吗？"

子舆回答："没有，我怎么会讨厌这副样子？如果把我的左臂变成公鸡，我便用来报晓；如果把我的右臂变成弹弓，我便用来打斑鸠吃。如果把我的臀部变成车轮，我便用来当骏马乘坐，难道还要更换别的车马吗？至于生命的获得，那是因为适时，生命的丧失，那是因为顺应。所以，我只要顺应自然就行了，怎么能去厌恶和忧虑现状呢？"

又过了一段时间，子来也害病了，而且将要死去。子犁前往探望，见其妻子儿女围在床前哭泣，便劝说："哎呀，你们不懂事，怎么可以惊扰子来由生而死的变化。"子犁靠着门跟子来说话："伟大啊，造物者又将把你变成什么？"

子来回答说："大地把我的形体托载，用生存来劳苦我，用衰老来闲适我，用死亡来安息我。也因此可以把我的死亡看作是好事。天地是一个大熔炉，阴阳是一个伟大的铁匠。我正被天地铸造着，怎么能够表示出痛苦呢？"

子犁紧紧握着子来的手说："我们的心相通，真是知心朋友！"就这样，子来安详熟睡似的离开人世，又好像惊喜地醒过来而回到人间。

莫逆之交的故事中，四人的追求和想法出奇一致，好像遇到了知己一样，相同的心意让他们成了好朋友。古人常说，一生能得一知己足矣。人这一生如果能够遇到一个非常要好，而且心有灵犀的知己，这就已经足够了，即使是面对死亡，也不会有任何的遗憾和恐惧。只是，人的一生当中究竟能否遇到知己呢？能遇到几个知己呢？茫茫人海中，要能够探听到对方心底的声音，而且还能彼此信赖，携手与共，这也应该算是人这一生中最困难的事情之一吧？所以，如果有幸能够和某个人结为莫逆之交，就请珍惜他吧。

偏执者对朋友的要求是很高的。比如能够经得起他们的考验，够得上他们的标准，或者，曾在某个时刻患难与共。从此后，就有一个小星星在一生中为你守候了。

### 化作小星星彼此守候——开开和小飞的故事

高一的开开和小飞一起来到我的咨询室。瘦弱的开开在上个月遭到了校园霸凌。一个高二女孩喜欢开开的男朋友,因此嫉妒开开,四处散播关于开开的谣言。随后开开就发现自己的微信号被盗了。对方盗用开开的头像,登陆了一个微信小号,骂了班级里所有的人。

有一天开开晚自习结束,她所在的教室里的灯突然不亮了,原来这一层的电闸被人关了。开开还没来得及打开手机手电筒,手机就被人打翻在地。随后一群人揪着开开的头发对她拳打脚踢。开开大喊大叫极力挣脱,几分钟后那伙人走了。因为教室死角那里监控照不到,并且是拉了电闸黑灯的情况下,所以开开根本没看清对方是谁。但从声音上推断,应该不是自己班上的同学。

正在全班同学都很恼怒开开在班级群乱骂人的时候,开开的男朋友也收到了"立刻跟开开分手"的威胁短信。男朋友敌不过大众的排挤和压力,跟开开在微信上提了分手。开开哭了3天,说:"全世界不信任我都没关系,可是连他也不信任我,我太伤心了。"

后来班主任及时赶来报了警,学校处理了此事,通知了所有涉事学生的家长,带着开开和其他人去派出所做了笔录。

因为那次被霸凌事件,开开来心理咨询室做心理创伤修复,小飞虽然是陪她一起来的,但也有自己的难题。

小飞长得并不好看,或者说是不符合大众的审美标准:头发微卷,又粗又硬,发际线低,个子1.5米左右。她很自卑,说自己从小到大一直都比较胖,也从来没有瘦下来过,认为自己有些笨拙。小飞说,从小到大,同学都骂她"痴呆儿",因为她的文化课从来都是倒数。遭到同学霸凌的小飞有时候会突然间大声地骂人,也会在夜深人静的时候在寝室上铺突然坐起来猛扇自己几十个耳光,吓坏了同寝室的人。但其实她在爸爸妈妈眼里只是一个正常的有点胖的女孩。她会在家里看自己感兴趣的课外书，比如《时间简史》，然后向爸爸妈妈提问并由她宣布答案。小飞的文化课虽然不好，钢琴却弹得非常好，歌声也非常美。小飞说她不开心的时候就去琴房疯狂练琴几个小时，沉浸在自己的世界里。但在她心里，还是觉得这个世界不太美好，有很多坏人，有很多不理解自己的人，有时候想去拿刀跟那些坏人拼命（仅仅是想法没实施过）。这是青春期的有一些偏执的表现。

小飞和开开竟然成了好朋友，很多人不理解。只是因为她们两个都是被边缘化的人吗？也并不是，同病相怜并不一定能让两个人成为莫逆之交，但危难时刻舍身保护对方才真的是过命的朋友。这里面有一段故事。

有一次小飞和开开跟一群同学出去团建，大家起哄喝酒，开开不会喝酒，急得满脸通红，小飞帮开开把全部的酒都喝掉了，到最后竟然酩酊大醉。有人出坏主意搞恶作剧，说谁划拳输了就要跟班上最丑的女孩子（小飞）打车出去约会。小飞已经醉了，开开见状，用柔弱的身子坚定地护着她，说只要我在谁也不许打小飞的主意。开开哪里也不敢去，小飞又醉倒了不方便行走，最后开开在吃饭的地方陪小飞坐了一夜。开开从来没有忘记那句话："他们不相信你，我相信你。因为我们是朋友。"

小飞对开开说的这句话，让开开泪如雨下。真正的友谊是经得起考验的，不会因流言四起就怀疑和放弃。而那个禁不起怂恿和威胁就分手了的男朋友，或许也真的不是一个好的对象。

后来开开接到了派出所打来的电话，民警称通过技术手段查到了当时盗取她微信的人，开开因此沉冤得雪，之前的误会都解除了。当天参与霸凌的同学全都受到了学校的严厉警告和处分。与此同时，那些打人同学的家长每人都支付了一笔不小的人身伤害赔偿费。

正义虽晚必到，最后开开证明了自己是被冤枉的，但是那段时间受的委屈，男朋友跟自己分手时候的绝情，都让她伤心不已。好在有小飞的陪伴，不离不弃地跟她去图书馆，去琴房，去上课，一起吃饭，让开开能够在这个小伙伴的搀扶下慢慢走出情绪的泥潭。

在小飞陪伴开开的同时，开开也在陪伴着小飞。小飞有几次情绪很低落，开开就陪着她去练琴。有一次课后，我在收拾教具，小飞和开开并没有离开，她们好像要说什么。一般我会主动去问下课后停留在教室里的学生们。我问了之后才知道是小飞情绪不太好，有个唱歌比赛她报名了，结果上台彩排的时候所有人都喝倒彩。我邀请小飞在教室里弹奏她彩排的曲目，小飞迟疑了一下便认真弹起来。随着旋律节奏渐入佳境，我跟开开都陶醉其中。钢琴旋律轻盈流动，指法也非常流畅。小飞真的是一个在艺术上非常有天分的孩子。或许她擅长的并不是文化课，而是艺术。我和开开当观众，让小飞过了一把表演瘾，并真诚地为小飞喝彩。

"就算别人不支持也没关系，我们在台下为你喝彩。"

"坚持你的天赋，总有一天会闪闪发光的。"

就像一首歌曲唱的那样："就算没人会为我喝彩，我也会带着满腔的热血奔向属于我的未来。"

真正的友情是经得起考验的。如果不能，那这个人就不是偏执者认可的朋友。

### 给偏执者的建议

（1）多读书，把质疑的精神用在拓展无穷无尽的知识上。

（2）接受人性的多变和黑暗面。接受你的朋友也是一个普通人，而你自己也是一个普通人。

（3）多出去走走，不要钻牛角尖。你会发现视野变大了，世界观也会不同。

（4）You can focus on what is lost or you can fight for what is left.
与其被困于所失，不如奋力争未来。

这句话告诉我们，过去的已经过去，不可能被改写。我们可以在此刻调用自己的资源，以更好的姿态迎接当下。

（5）A wise man lives with a purpose.

智者的人生往往由目标指引。

树立更宏大的人生目标，然后在这个目标下寻找志同道合的真朋友。

# 参考文献

W.W.Meissner, *The Paranoid Process* [M]. New York: Jason Aronson Inc, 1978.

程诚、郭培杨、杨丽：《基于三元精神病态模型的精神病态认知》[J].《心理科学进展》2021 年第 9 期。

杨晓云、杨宏爱、刘启贵、杨丽珠：《创伤后应激检查量表平民版的效度、信度及影响因素的研究》[J].《中国健康心理学杂志》2007 年第 1 期、2008 年哲学社会科学版学术论文。

汪蕾蕾：《武汉市某社区妇女家庭暴力与创伤后应激障碍的相关性研究》[D]. 华中科技大学，2016。

李江雪：《边缘型人格障碍的心理分析研究》[D]. 华南师范大学，2006。

杨蕴萍、沈东郁、王久英、杨坚：《人格障碍诊断问卷（PDQ-4+）在中国应用的信效度研究》[J].《中国临床心理学杂志》2002 年第 3 期。

傅文青、姚树桥：《2592 例大学生人格诊断问卷（PDQ+4）测试结果分析》[J].《中国心理卫生杂志》2004 年第 9 期。

王华：《自恋型人格障碍与心境障碍的共病研究》[D]. 华中师范大学，2007。

刘晨：《对体像障碍受术者整形美容外科手术适应证与禁忌证的探讨》[D]. 中国协和医科大学，2008。

图书在版编目（CIP）数据

偏执人格：偏执才能成大事 / 何雨君, 施蕴著. --北京：东方出版社, 2023.5
　　ISBN 978-7-5207-2407-4

Ⅰ.①偏… Ⅱ.①何…②施… Ⅲ.①人格心理学—通俗读物 Ⅳ.①B848-49

中国国家版本馆CIP数据核字（2023）第033403号

**偏执人格：偏执才能成大事**
（PIANZHI RENGE: PIANZHI CAI NENG CHENG DASHI）

| 作　　者： | 何雨君　施　蕴 |
| --- | --- |
| 策　　划： | 陈丽娜　王丽娜 |
| 责任编辑： | 王若菡 |
| 装帧设计： | 琥珀视觉 |
| 出　　版： | 东方出版社 |
| 发　　行： | 人民东方出版传媒有限公司 |
| 地　　址： | 北京市东城区朝阳门内大街166号 |
| 邮　　编： | 100010 |
| 印　　刷： | 北京明恒达印务有限公司 |
| 版　　次： | 2023年5月第1版 |
| 印　　次： | 2023年5月第1次印刷 |
| 开　　本： | 640毫米×950毫米　1/16 |
| 印　　张： | 15.5 |
| 字　　数： | 192千字 |
| 书　　号： | ISBN 978-7-5207-2407-4 |
| 定　　价： | 52.80元 |

版权所有，违者必究
如有印装质量问题，我社负责调换，请拨打电话：（010）85924602　85924603